ちきゅうおんだんかずかん
地球温暖化図鑑

布村明彦／松尾一郎／垣内ユカ里　著

文溪堂

自分たちにとっての地球温暖化問題を考えよう

　地球温暖化ということばは、ほとんどのみなさんがご存じでしょう。
　地球温暖化にともなう気候変動により、北極近くの氷がとけてシロクマが行き来できなくなったり、南太平洋のツバルという国が海面上昇でなくなるという話などを聞いた人もおられるでしょう。すでに地球温暖化をふせぐために、エアコンを使いすぎないようにしたり、買い物には自分で持っていったふくろを使うようにして、資源を大切にしようとしているお母さんたちも多いと思います。

　これらの話はとても大事な話ですが、こうした話だけでは、ともすれば地球温暖化問題は遠い外国のことのように感じたり、何をすれば温暖化防止にどのように役立つのかが、もうひとつわかりにくいということもお聞きします。

　この本は、地球温暖化や気候変動の問題について、どうして起きるのか、災害などどんな影響が心配されるのか、どうしたら問題が解決するのかなどについて、もう少し知りたいという人や、自分たちにとってどう関係するのだろうかという興味を持った人のために、以下のようなことを考えてつくった本です。

　まず、問題がどうして起きるのか、どうしたらふせげるのかなど、「なぜか」ということを大切にして具体的に書くようにしています。次に、みなさんになるべく実感を持ってもらうために、身近なところで起きていることを取り上げるようにしています。さらに、わたしたちと世界の関係についても、知ってもらえるようにしたつもりです。

　なお、地球温暖化問題に関係して、「地球温暖化が原因ではないのではないか」「将来、地球温暖化は大したことはないのではないか」など、さまざまな意見や研究もあります。地球の気候はもともと、さまざまに変化しており、どこまでが温暖化の影響かがわかりにくく、また温暖化により発生する問題は、人口増加や産業などいろいろなことが関係しているからだと思います。このようなこともありこの本では、国際連合の組織が設立したIPCC（気候変動に関する政府間パネル）の検討報告を基本に、また、なるべく実際に起きていることをもとに、正確に事実を書くようにつとめています。

　地球温暖化をふせいでいこうということは、人間もふくめて、地球上のすべての生き物の未来にとって、とても大切なことです。いっしょに考え、自分たちのできることから始めていきましょう。

2010年4月　　　　　　　　　　　　　　　　執筆者を代表して　**布村明彦**

目次

地球温暖化図鑑

グラビア

- ねむらない地球 …………………………… 4
- 地球温暖化でゲリラ豪雨がふえている？ …… 6
- 氷がとけて、さらなる温暖化を引き起こす
  氷河の融解 ……………………………… 8
- まちの80％を水没させた
  巨大ハリケーン・カトリーナ ………… 10
- 乾燥化が進み、雨を求めてふえる
  気候移民 ………………………………… 12
- 世界の海からサンゴ礁が消える!?
  白化現象 ………………………………… 14

第1章　地球温暖化が始まっている

- 大気に守られている地球 ………………… 16
- 急激に温暖化しはじめている地球 ……… 18
- 地球温暖化の原因 ………………………… 20
- 地球温暖化の影響 ………………………… 22
- わたしたちへの影響 ……………………… 24
- 生態系への影響 …………………………… 26

コラム
- 森や海は、大切な自然のカーボンシンク … 28

第2章　地球温暖化でふえる災害

- 世界的に強い雨がふり
  大洪水を引き起こす …………………… 30
- あたたかくなる海は台風を凶暴にする …… 32
- 海面が上がり、洪水や高潮に弱くなる …… 34
- 温暖化で利用できる水がへり、
  干ばつが広がる ………………………… 36
- 日本も水不足が心配されている ………… 38
- 水不足により、人々にさまざまな
  問題がおそいかかる …………………… 40

コラム
- ゲリラ豪雨 ………………………………… 42

第3章　地球温暖化にそなえる

- 温暖化しないようにする、
  温暖化しても困らないようにする …… 44
- ふえる集中豪雨にそなえる ……………… 46
- ふえる干ばつにそなえる ………………… 48
- 予想される災害に対して
  わたしたちができること ……………… 50

コラム
- バーチャルウォーター …………………… 52

第4章　社会的な取り組み

- 世界的な動き、試み ……………………… 54
- 日本の政策 ………………………………… 56
- 日本のエコ技術 …………………………… 58
- わたしたちにできること ………………… 60

コラム
- ひとつだけの地球 ………………………… 62

- さくいん …………………………………… 63

ねむらない地球

アメリカ軍事気象衛星DMSPがとらえた2001年11月の地球。

写真提供：DMSP/NOAA NGDC/USGS/SRTM
画像処理：東海大学情報技術センター

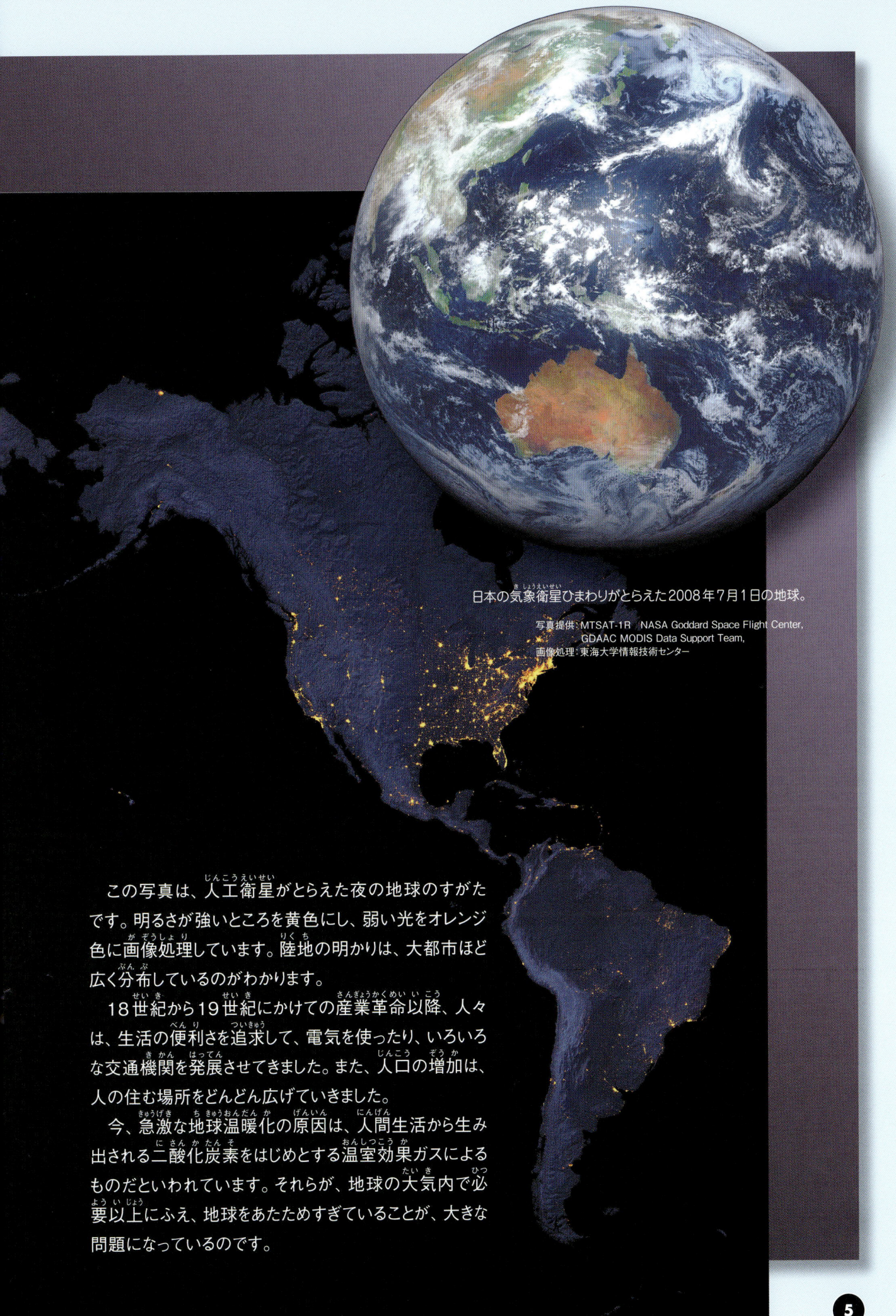

日本の気象衛星ひまわりがとらえた2008年7月1日の地球。

写真提供：MTSAT-1R　NASA Goddard Space Flight Center,
GDAAC MODIS Data Support Team,
画像処理：東海大学情報技術センター

　この写真は、人工衛星がとらえた夜の地球のすがたです。明るさが強いところを黄色にし、弱い光をオレンジ色に画像処理しています。陸地の明かりは、大都市ほど広く分布しているのがわかります。
　18世紀から19世紀にかけての産業革命以降、人々は、生活の便利さを追求して、電気を使ったり、いろいろな交通機関を発展させてきました。また、人口の増加は、人の住む場所をどんどん広げていきました。
　今、急激な地球温暖化の原因は、人間生活から生み出される二酸化炭素をはじめとする温室効果ガスによるものだといわれています。それらが、地球の大気内で必要以上にふえ、地球をあたためすぎていることが、大きな問題になっているのです。

15:00 水が引き始める。

15:40 水位が下がり、遊歩道も顔を出す。

2008年7月28日、神戸市、六甲山の南斜面のせまい範囲に、10分間という短い時間で24ミリメートルという、はげしい大量の雨がふりました。これは、雨の強さをあらわす1時間の雨量に計算し直すと144ミリメートルに当たります（→64ページ）。

小さい都賀川の水かさが、わずか10分間で1.34メートルも上昇。川原で遊んでいた子どもたちをはじめ、約10人が激流に流され、5人のとうとい命が失われました。

日ごろは、いこいの場になっている。

14:28 あたりはだんだん暗くなる。

最近、かぎられた場所に、短い時間にどっと雨がふる局所的集中豪雨がふえています。あっという間に川の水がふえ、はんらんします。警報などが間に合わないため「**ゲリラ豪雨**」とよばれています（→42ページ）。

写真提供：神戸市

7

1978年 ネパールのショロン地域、AX010氷河。1989年、1998年、2004年と年をおうごとに、氷河が後退していくようすが、よくわかる（→9ページ）。

氷がとけて、さらなる温暖化を引き起こす
氷河の融解

　地球温暖化による気候変動で、気温が上昇しています。この100年間で、世界の平均気温は0.74°C上がっています（→18ページ）。その結果、世界各地の氷河がとけ始めています。また、気温が上がったことにより、雪のかわりに雨がふることが多くなったことも、氷河のとけるスピードをはやめています。さらに氷床（陸地にある氷河）がとけると、海水面の上昇の原因のひとつにもなります（→19ページ）。

　このほか、氷床の氷がとけると、表土のわりあいがふえます。そうすると、太陽光の反しゃ率が落ち、太陽の光は地表に吸収されやすくなります。このことにより、さらに温暖化が進むといわれています（→23ページ）。

1989年

1998年

2004年

写真提供：名古屋大学 雪氷圏研究室

まちの80％を水没させた
巨大ハリケーン・カトリーナ

　2005年8月29日、アメリカ合衆国をおそったハリケーン・カトリーナ。その被害のすさまじさは、世界中をふるえあがらせました。ニューオリンズ市の堤防はこわされ、市の人口48万人の約80％の家が水没しました。被害額は、保険で支払われた分だけでも334億ドル（約3兆円）にのぼりました（→32ページ）。
　写真は、カリブ海のあたたかい水温で、どんどん発達しながら北上するハリケーン・カトリーナを、気象衛星ノアが撮影したもので、その巨大さがわかります。

写真提供（上、P11上）:National Oceanic and Atmospheric Administration（NOAA）

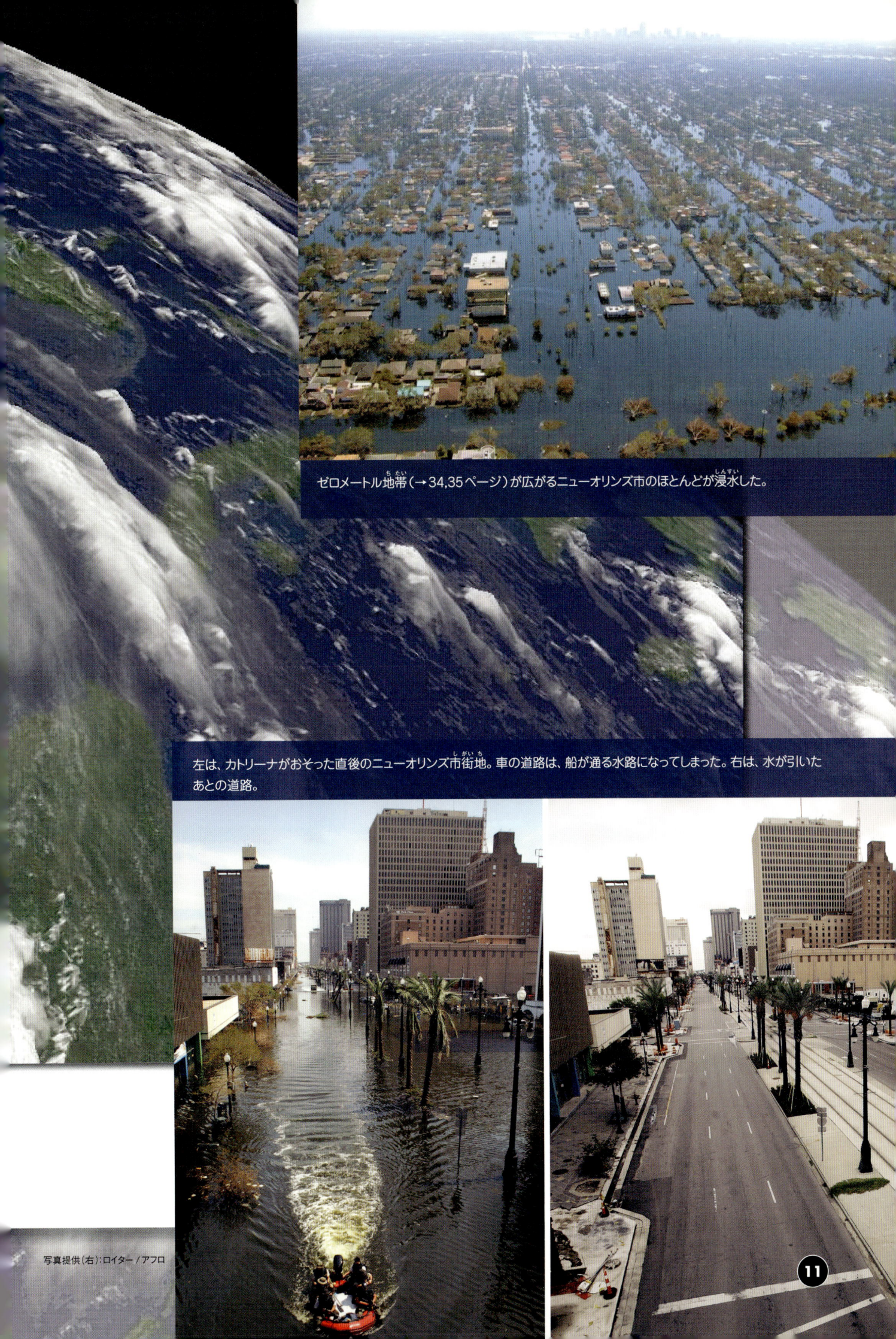

ゼロメートル地帯(→34,35ページ)が広がるニューオリンズ市のほとんどが浸水した。

左は、カトリーナがおそった直後のニューオリンズ市街地。車の道路は、船が通る水路になってしまった。右は、水が引いたあとの道路。

写真提供(右):ロイター/アフロ

乾燥した大地に立つ子どもたち。

乾燥化が進み、雨を求めてふえる
気候移民

凡例:
- サハラ砂漠
- 乾燥化が進む地域

毎日、遠くの水くみ場から水を運ぶのは、子どもや女性たちの仕事。学校に行く時間もない。

水が足りず、途方にくれる農民。

　地球規模の気候変動により、世界各地で乾燥化が進んでいます。世界最大のサハラ砂漠の周辺では、干ばつで農作物が育たず、大きな被害が出ています。農作物がとれないと、まずしい生活におちいり、子どもたちは仕事優先で、ほとんど学校に行けない状況になります（→36、41ページ）。
　西アフリカの国ブルキナファソでは、多くの農民がふるさとの農地をすて、雨を求めて南へ移住しました。気候変動がまねいた、人々がのぞまない移住であり、彼らは「気候移民」とよばれています。

街灯のあかりをたよりに、教科書を読む少年。

写真撮影：毎日新聞社　長谷川豊

世界の海からサンゴ礁が消える!?
白化現象

さまざまな海洋生物の生息地であり繁殖地である、色あざやかなサンゴ礁が、世界各地で白化し、消えようとしています。地球温暖化による気温上昇、海面上昇、海水の酸性化などの影響で、サンゴは共生している藻を失い、まっ白になってしまいます。これを白化現象といいます（→27ページ）。

グレート・バリアリーフで撮影された緑あざやかなサンゴ礁。
写真提供：AP／アフロ

グレート・バリアリーフで撮影された白化してしまったサンゴ礁。
写真提供：ロイター／アフロ

第1章
地球温暖化が始まっている

地球温暖化が始まっている

大気に守られている地球

地球は、約46億年前に誕生しました。そのときの地球には、海や森はもちろん、空気さえもありませんでした。その後、惑星の衝突や大陸の移動、さらに氷河期などのさまざまな変化をへて、今のようなすがたになりました。地球が、太陽系のほかの惑星とちがい、水もあり、気温もたもたれ、とても住みやすい環境にあるのは、大気のおかげなのです。

特別な地球

地球は、うすすぎず、あつすぎない、微妙なバランスをたもっている大気の層に守られています。その大気にふくまれている、さまざまな成分のおかげで、人間は呼吸をし、あたたかくてくらしやすい地球に住むことができるのです。火星などは、大気の層がとてもうすいので、平均気温はマイナス63℃しかなく、人間は生きていくことができません。そのように考えると、大気がどれほど大切なものか、よくわかります。

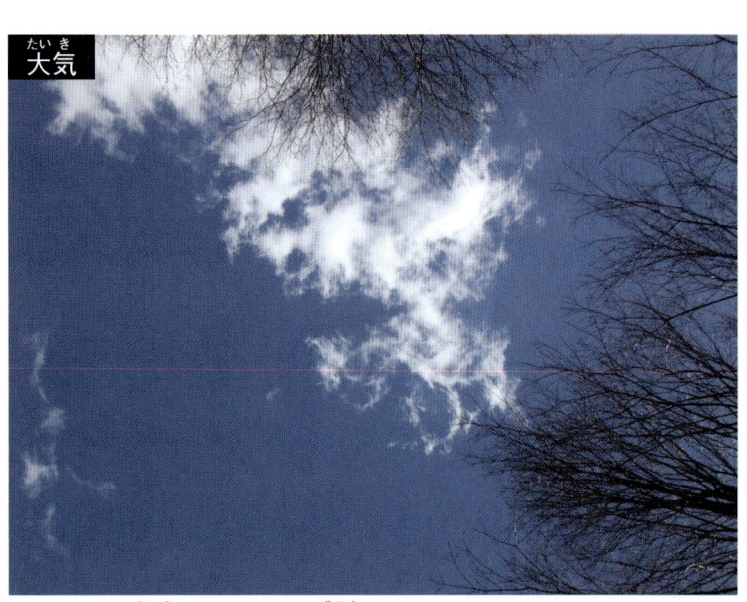

目には見えない大気が、わたしたちの頭上にあります。　　提供：垣内ユカ里

▶地球の大気の成分

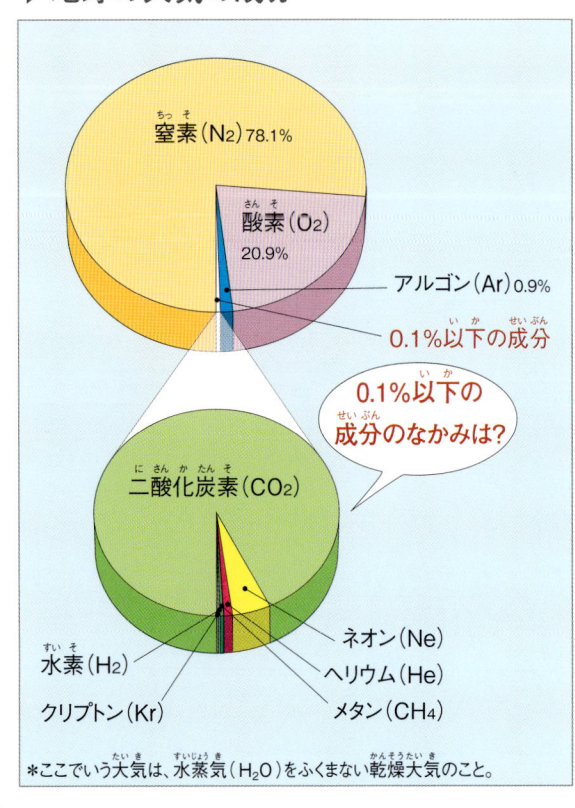

＊ここでいう大気は、水蒸気（H_2O）をふくまない乾燥大気のこと。

地球の大気は、何でできているの？

大気は、地上から約80キロメートルのところまであり、地球全体をおおっています。80キロメートルといってもピンときませんが、世界一高い山であるエベレスト（海抜8848メートル）が10こ以上もつみ重なった高さになります。飛行機が10キロメートル前後のところを飛んでいるといえば、大気の層のあつみが想像できると思います。でも、あついように思えても、もし地球が運動会の大玉（直径1メートル）ぐらいだとすると、そのあつさは、たった1ミリメートルしかありません。この地球の大気のあつさと成分のバランスが、人間にはとても重要であり、この大気がなくては生きていけないのです。

大気のおもな成分は、窒素（N_2）、酸素（O_2）、アルゴン（Ar）などで、この3つで大気全体の約99.9％をしめています。残りはたった0.1％以下ですが、この中にはとても大切な役割があります。

0.1％以下の成分のうち、そのほとんどが二酸化炭素です。

少ないけど大切な0.1％以下のガス

　大気の成分で、量は少ないけれど重要なガスの中に「温室効果ガス」があります。温室効果ガスとは、地球の温度をたもってくれているガスです。地球は、太陽の光であたためられる一方、その大部分の熱を宇宙へとにがしています。温室効果ガスが、地球の温度をたもってくれているメカニズムはふくざつですが、かんたんにいうと、その太陽の熱がにげすぎないように、大気中や地表にとどめる役割をはたしているのが、雲や温室効果ガスです。つまり、地球の気温は、太陽の光と温室効果ガスの両方により、あたたかくたもたれているのです。

　地球表面の温室効果ガスは、おもに水蒸気（H_2O）、二酸化炭素（CO_2）、メタン（CH_4）、一酸化二窒素（N_2O）、ハイドロフルオロカーボン類（HFCs）、パーフルオロカーボン類（PFCs）、六フッ化硫黄（SF_6）です。この中で量が一番多いのは、二酸化炭素です。また、大気中に長い間とどまり、温暖化能力の高いものは、人間のつくり出したフロン類（HFCs、PFCs）です。

▶温室効果ガスが、地球の温度をたもってくれているメカニズム

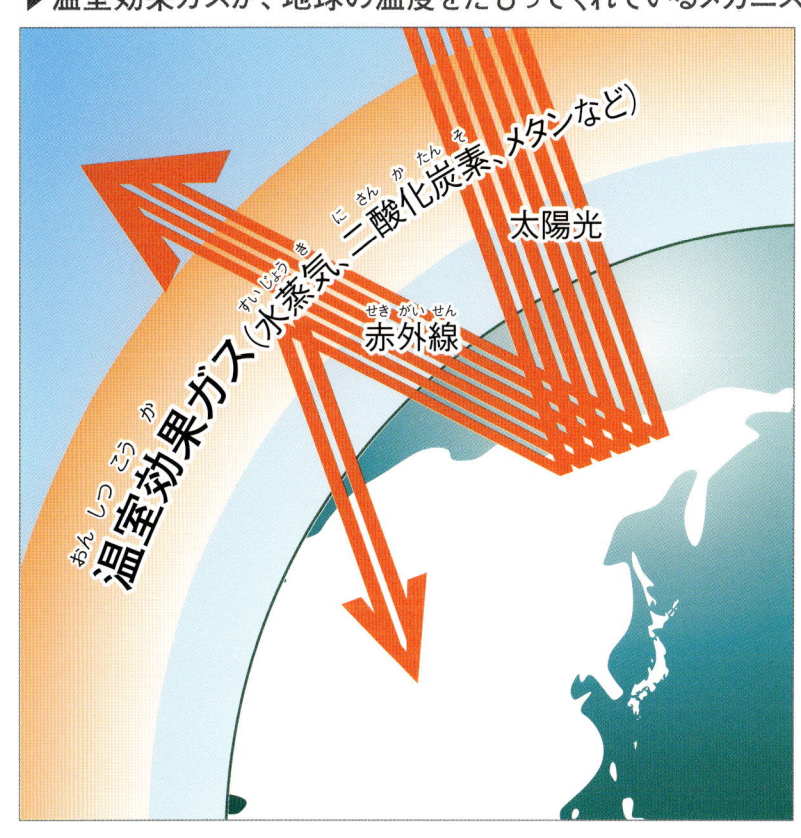

温室効果ガスのおかげで、地球はあたたかく、くらしやすい環境です。

地球に温室効果ガスがなかったら？

　もし、地球の気温をたもっている温室効果ガスがなかったら、地球の平均気温は、約マイナス19℃といわれています。現在の地球の平均気温は約14℃ですから、約33℃分（14℃＋19℃）が、温室効果ガスによってあたためられている、ということになります。ちなみに、マイナス19℃とは、北海道の最北端である稚内の2月の一番寒い日の最低温度とほぼ同じです。

　現在の温室効果（33℃）の多くは、水蒸気や雲などの水分によってたもたれており、二酸化炭素は33℃のうちの3～9℃の温室効果だといわれています。

提供：Tomo.Yun http://www.yunphoto.net

急激に温暖化しはじめている地球

現在、人間のさまざまな活動により、温室効果ガスが急激にふえています。温室効果ガスが大気中にふえると、太陽光からの熱を地球からにがしにくくなり、結果的に地球の気温が上がります。その現象が長くつづき、地球の平均気温が上がることを「地球温暖化」といいます。そして、急にふえた温室効果ガスにより、急激に進んでいる気候変動が「地球温暖化問題」です。

地球の気温は、これまでも高くなったり低くなったりしてきた

それでは、温室効果ガスがふえなければ、地球の気温は上がらないのでしょうか？

実は、そのようなことはありません。地球は過去約10万年周期で、マンモスがいたような寒い氷期と、あたたかい間氷期をくり返してきました。ここ100万年間では、平均気温で最大7℃くらい変化しています。正確なことはまだわかっていませんが、温室効果ガスとは関係なく、火山の噴火、海の流れ（海流循環）の変動、太陽の光の強弱などにより、地球の気温は変化してきました。そして、現在は、氷期から間氷期に向かっていて、上昇下降をくり返しながらも、じょじょに気温が上昇している時期にあたります。

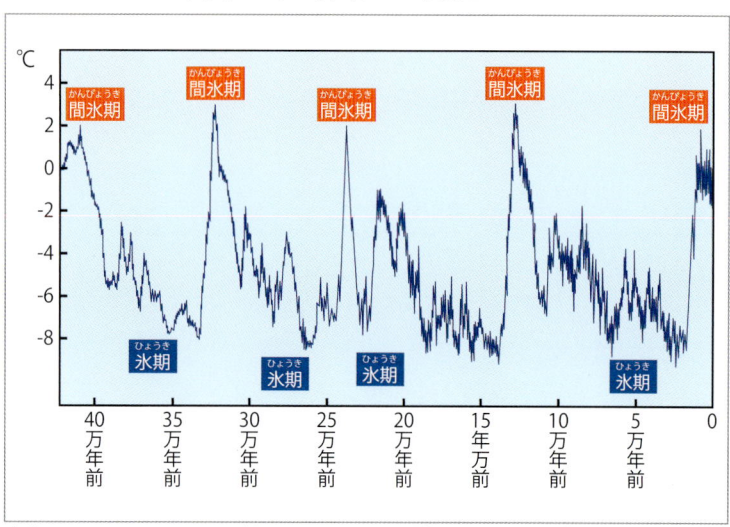

▶過去40万年間の平均気温の変化

過去40万年間の地球の平均気温は、さまざまな要因で、氷期と間氷期をくり返してきました。
出典：National Oceanic and Atmospheric Administration（NOAA）

今までとはちがう、急激な温暖化

少しずつ温暖化している地球ですが、近年あたたまり方が昔とは変わってきました。1880～2000年までの約100年ほどで、世界の平均気温は0.74℃上昇しています。地球が、急激にあたたかくなると、いろいろなところに影響をあたえる可能性があります。過去にあった気温の変化は、時間をかけた上昇であり、自然や人間もうまく適応してきました。しかし、急激な気温の変化は、人間社会へも大きな影響をあたえることが心配されています。

1961～1990年の平均気温に対する変化をしめしています。現在に近づくほど、上昇カーブが急になっています。

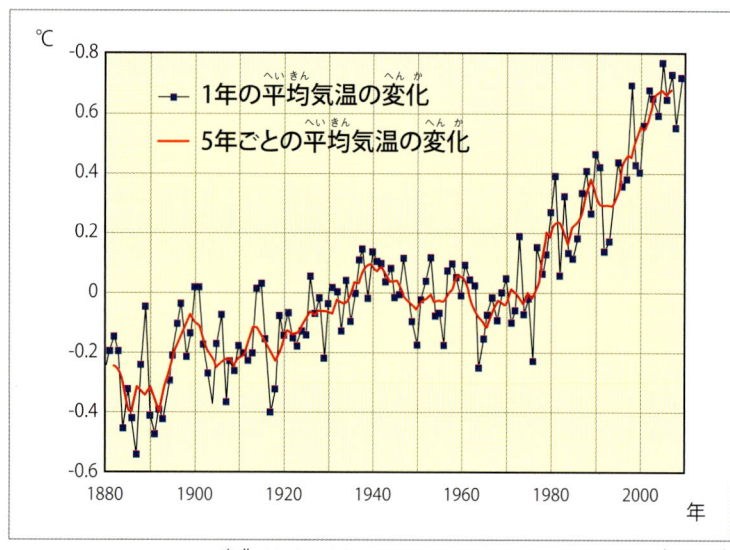

▶1880年からの地球の気温の変化

出典：National Aeronautics and Space Administration（NASA）

身近に感じる気温上昇

温度変化にびん感な植物や動物は多く存在します。日本人が大すきなさくらもそのひとつで、すでに地球温暖化の影響を受けています。過去50年間で、さくらの開花日は、全国平均で4日ほど早まっています。さくら前線（日本各地のさくらの開花予想日をむすんだ線のこと）もじょじょに北上しています。また、さくらは寒暖の差があるほど満開になりやすいのですが、温暖化の影響で冬が寒くなくなると、きれいなさくらが見られなくなるかもしれません。

日本の春の代表的な存在のさくらですが、気温の変化により開花時期が早まっています。

▶さくらの開花ラインの北上

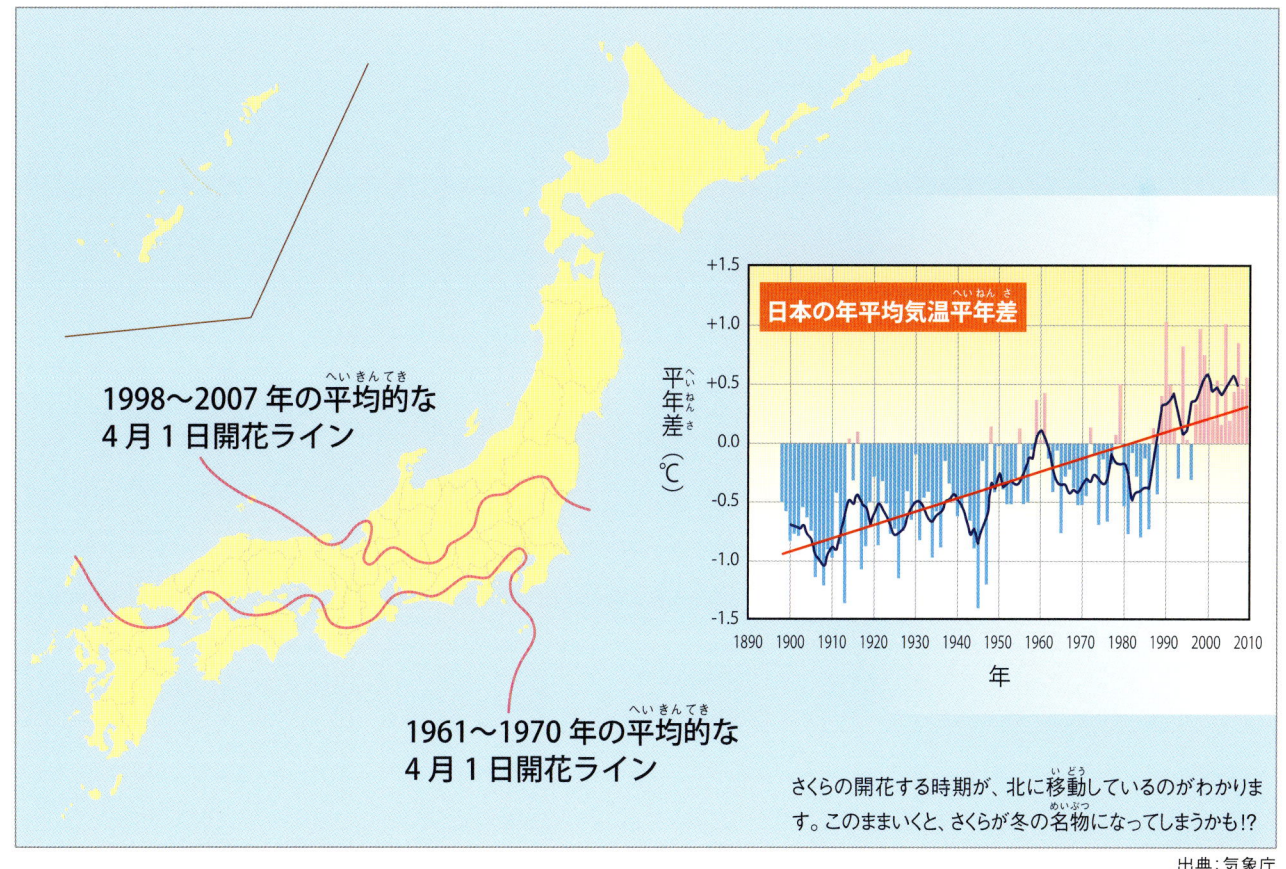

1998〜2007年の平均的な4月1日開花ライン

1961〜1970年の平均的な4月1日開花ライン

日本の年平均気温平年差

さくらの開花する時期が、北に移動しているのがわかります。このままいくと、さくらが冬の名物になってしまうかも!?

出典：気象庁

気温上昇による海水膨張と海面上昇

2万1000年前の氷河期以降、約3000〜2000年前までに、海水は120メートルも上昇しました。これは氷河期以降のゆるやかな温暖化により、1万8000年もの時間をかけて陸の氷がとけ出し、あたたまることによって水の体積がふえ、海水が膨張した結果です。その後、3000〜2000年前から約100年前まで、海水に大きな変動はありませんでした。

しかし、約100年ほど前から現在にかけて、海面はじょじょに上昇してきています。1900〜2000年までの100年間に、世界の海面が1年で1.7ミリメートル（100年間で170ミリメートル）上昇しました。1993年以降は上昇がさらに加速し、1年で3ミリメートル上昇しています。

また、氷河がとけてその水が海にながれこんだことにより、海の塩分濃度が変わり、海水循環への影響も心配されています。海面の上昇は、わたしたちの生活や海の生態系に大きな影響をおよぼす可能性があり、注目されています（→27、35ページ）。

地球温暖化の原因

地球には、温室効果ガスが、何億年もの間ずっと存在してきました。なぜ、短期間にふえてしまったのでしょうか？ それは、わたしたち人間が、住みやすい環境をつくり出してきた生産活動に原因があるのです。

温室効果ガスって、どうやってつくられるの？

地球温暖化問題の原因となっている温室効果ガスの増加のほとんどは、人間の産業活動にともなって出されたものです。電力を生み出したり、ガソリンを燃やして自動車を走らせたりする際にも、多くの温室効果ガスが排出されます。また、わたしたちが食べる米などを生産する際にも、農家からわたしたちの家に運ぶときに、温室効果ガスが排出されているのです（右図）。

何でいつも二酸化炭素が注目されるの？

温室効果ガスは、水蒸気、二酸化炭素、メタン、一酸化二窒素、ハイドロフルオロカーボン類などがおもな成分です（→17ページ）。実はこの中で二酸化炭素の温室効果は、同じ体積あたりでは、メタンなどにくらべて小さいのです。しかし、排出する量が圧倒的に多いことから、地球温暖化のおもな原因といわれています。二酸化炭素は、人間の行動によりふえ、ほかの成分をしのぐ量なのです。

もちろん、人体に有害な紫外線をカットしてくれるオゾン層を破壊してしまうフロンガスのかわりになるものとして、人間のつくり出したハイドロフルオロカーボン類など、自然界にもともとなかった強力な温室効果ガスも重要です。しかし、温室効果ガスの80％以上をしめる二酸化炭素は、排出量がとても多いことで問題になっています。

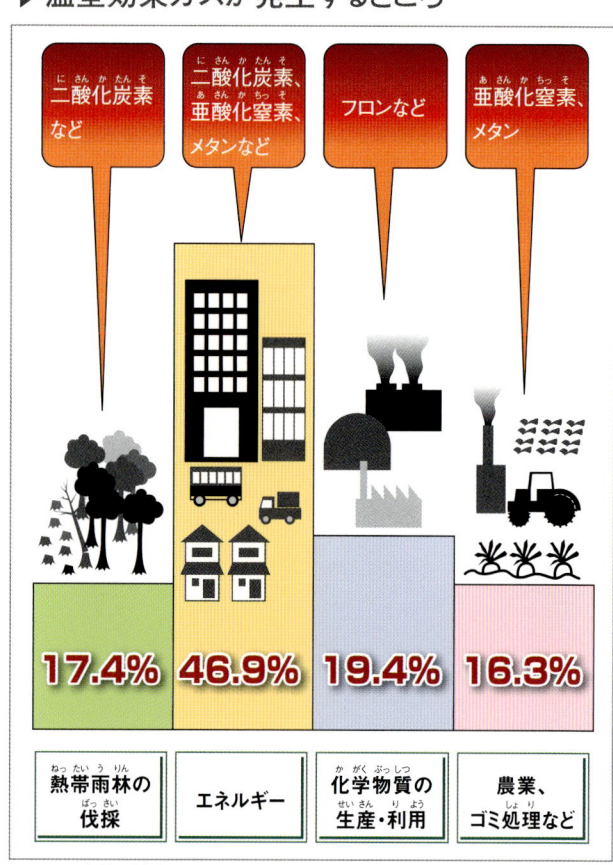

▶温室効果ガスが発生するところ

世界で、温室効果ガスが発生しているところを、おおまかに見てみると、上のようになります。一番多いのは、エネルギーをつくるときに出る、二酸化炭素、亜酸化窒素、メタンなどです。

二酸化炭素は、どうやってつくられるの？

地球上の生物は4大元素（水素H、酸素O、炭素C、窒素N）でできています。その中でも炭素（C、英語では「カーボン」）は、熱を加えると酸素（O）と結合して、二酸化炭素とエネルギーをつくり出す性質を持っています（C＋2O=CO₂とエネルギー）。

このエネルギーを得るために、人間は、何億年も地中にねむっていた化石燃料（C）をもやしてきました。火力発電や工場などでの生産活動の燃料として必要だったからです。しかしその結果、空気中に二酸化炭素（CO₂）をふやしてしまったのです。

家庭からも、二酸化炭素はたくさん出ています。日本の場合、家庭から出る二酸化炭素排出量は、日本全体の約14％です。この多くは、家庭で使う電気や自動車によるものです。このように、近年の二酸化炭素排出量の増加は、わたしたち人間の行動が原因になっているのです。

どのくらい二酸化炭素がふえているの？

過去1万年前から、大気中にある二酸化炭素の濃度の変化を見てみると、18世紀後半から急にふえていることがわかります（グラフ：過去1万年の大気中の二酸化炭素の変化）。これは、18世紀の産業革命をきっかけに、自動車や機関車の燃料、そして工場での生産活動のために、大量の石炭をエネルギーとして使い始めたからです。

空気中の二酸化炭素濃度をはかり始めたのは、キーリング博士です。1958年から、ハワイのマウナロア山頂で観測をはじめました。この二酸化炭素濃度の変化のグラフを「キーリング・カーブ」とよんでいます（グラフ：過去50年の大気中の二酸化炭素の変化）。グラフをよく見ると、平たんな上昇グラフではなく、波のように何度も上昇と下降をくり返しているのがわかります。短い期間の上昇下降は、季節の変化を表しています。大地や森の面積が多い北半球では夏の時期、木が活発に成長していて、二酸化炭素を大量にすっています。そのため北半球が夏の時期は、二酸化炭素の濃度は下がります。反対に冬は木に葉がなく、光合成をほとんどしないので、空気中の二酸化炭素はふえてしまいます。このように、季節により二酸化炭素は変動しつつ、平均が少しずつ上昇しています。

▶過去1万年の大気中の二酸化炭素の変化

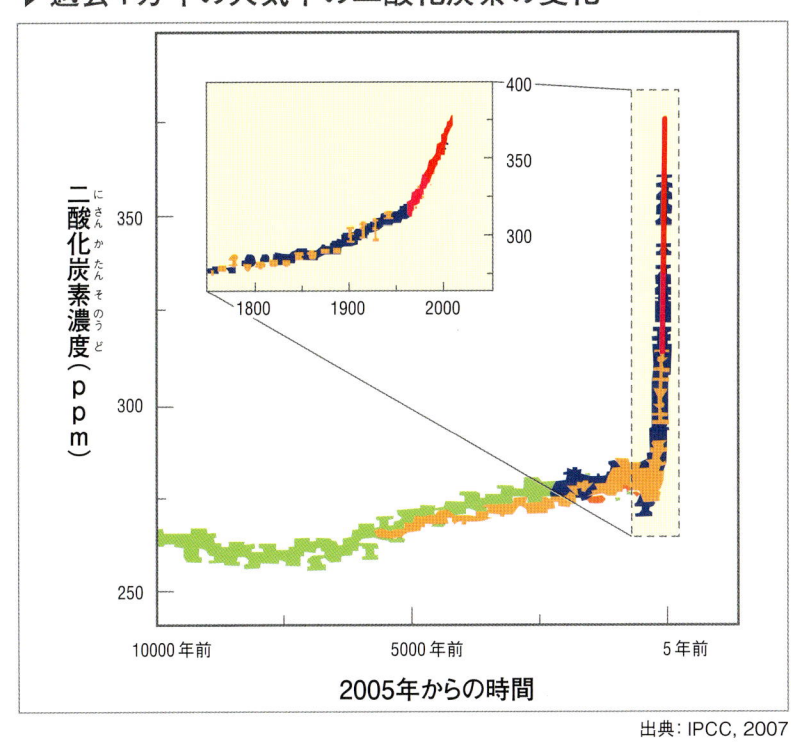

出典：IPCC, 2007

キーリング博士は、ハワイのマウナロア山で、二酸化炭素の観測を行いました。

提供：新堀賢志

1万年前とくらべると、ここ最近の二酸化炭素の排出量が、急激にふえているのがわかります。

▶過去50年の大気中の二酸化炭素の変化

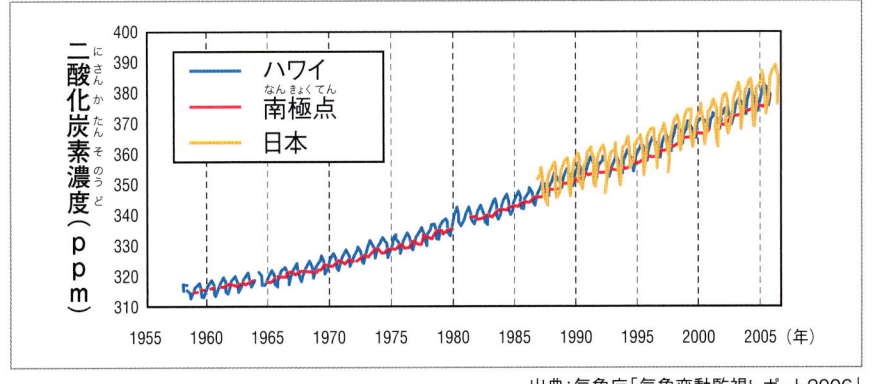

出典：気象庁「気象変動監視レポート2006」

二酸化炭素は、上昇と下降をくり返しながら、だんだんふえています。

地球温暖化の影響

温室効果ガスで急激に高くなっている地球の平均気温ですが、みなさんは、どこまで高くなると思いますか？　また、どのような影響が出ると思いますか？　気温上昇は未来の話ではなく、すでにわたしたちの身近で起きていて、その影響も問題になってきています。

地球はどのくらいあたたかくなるの？

IPCC（気候変動に関する政府間パネル）（→54ページ）の報告によると、世界の平均気温は、1906〜2005年の過去100年間で0.74（±0.18）℃上がっています。21世紀の終わりには、1.1〜6.4℃の気温上昇がコンピューターモデルによって予測されています。

▶これからの地球の気温の予想（複数モデルの平均と予測幅）

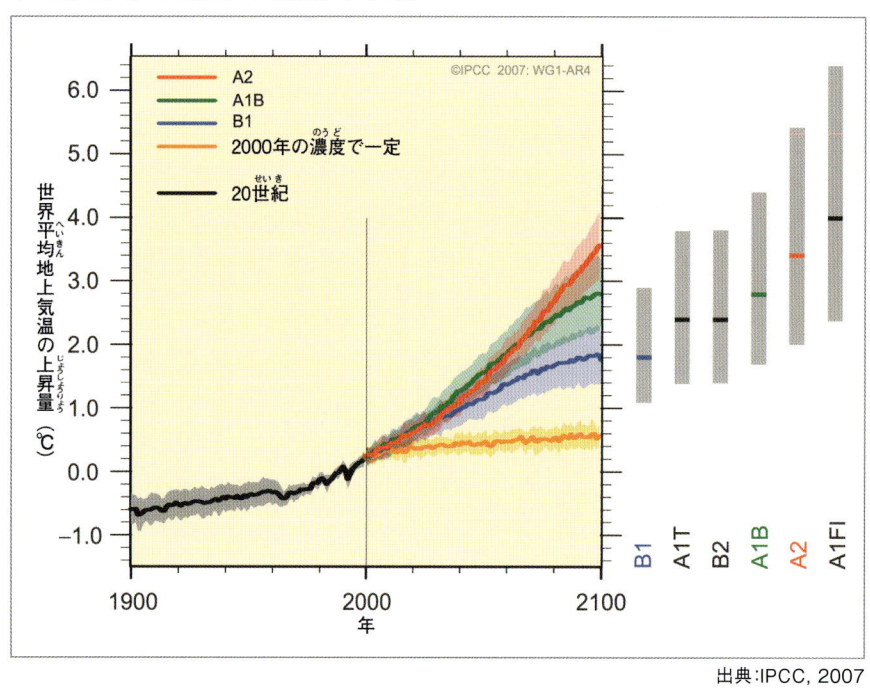

過去の研究データや観測をもとに、1961〜1990年の平均気温を0℃とした場合の、これからの地球の気温の予想です。現在、考えられる代表的ないくつかの将来社会像（A2：経済発展重視かつ地域の独自性が強まるシナリオ。A1B：経済発展重視かつ地域格差が縮小しグローバル化が進むシナリオ。各エネルギー源のバランス重視。B1：環境の保全と経済の発展を地球規模で両立するシナリオ）を想定したうえでの予想で、予想幅をすべて考えると、一番少ない温度上昇は1.1℃、一番大きい温度上昇は6.4℃です。実際の温度上昇は、この範囲のどこかになると考えられています。

出典：IPCC, 2007

北極と南極で感じる気温上昇

北極の平均気温は、過去100年間の平均的な気温上昇の2倍ぐらいのはやさで高くなっています。この気温上昇にともない、1970年代以降、北極の海にうかぶ氷が、とけてへってしまっています。氷がへることは、もともと春や夏の気温上昇で起こることですが、年々、季節に関係なくとける量が多くなり、とけるスピードも早くなってきています。

南極は、北極とちがい陸の上に氷があるので、北極よりも寒く、地球温暖化の影響を受けにくい環境です。しかし、南極でも海につき出ている氷の表面やそこの部分がとけて、海に落ちてしまう可能性が出てきました。

北極や南極以外にも、世界中の氷が温暖化によって、へってしまう可能性があります。このまま氷がへると、さまざまな影響が出ると予測されています。よく耳にするのが、陸地にある南極の氷がとけて引き起こされる海面上昇です（19,34ページ）。また、氷がへると、さらなる温暖化を起こしてしまう可能性もあります（→23ページ）。このように、北極や南極などの寒い地域では、特に温暖化の影響が大きいので、急いで対策をとることが必要です。

▶北極海の氷の変化

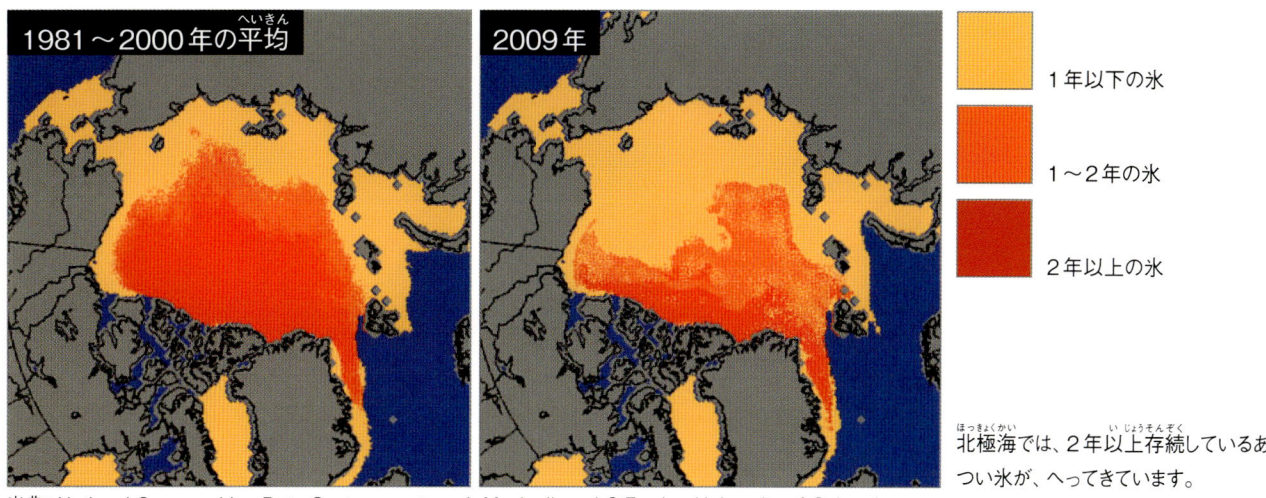

出典：National Snow and Ice Data Center, courtesy J. Maslanik and C.Fowler, University of Colorado

北極海では、2年以上存続しているあつい氷が、へってきています。

地球温暖化は加速する!?

地球温暖化によって、ある現象が起きると、その現象が原因で、温暖化そのもののスピードをはやめてしまうことがあります。北極や南極の氷の融解も、このひとつです。氷は太陽光を鏡のように反しゃして、宇宙に返す役割もありますが、氷がへると、太陽光の反しゃ率が落ちて、太陽光が今まで以上に地表に到達してしまいます。太陽光は地表をあためるので、結果的に温暖化が進んでしまいます。

同じような現象が、氷河や永久凍土（1年中こおっている土地）でも起きています。永久凍土には、植物などが枯れてくさるときにできる、メタンがとじこめられていますが、凍土がとけることにより、メタンは空中に放出されます。メタンは、二酸化炭素の23倍の温室効果を持つガスなので（→17、20ページ）、大きな問題となっています。このようにある温暖化現象が、さらなる温暖化現象を引き起こす可能性があるので、早急な対策が望まれているのです。

▶地球温暖化の現象は、おたがいに影響しあっている

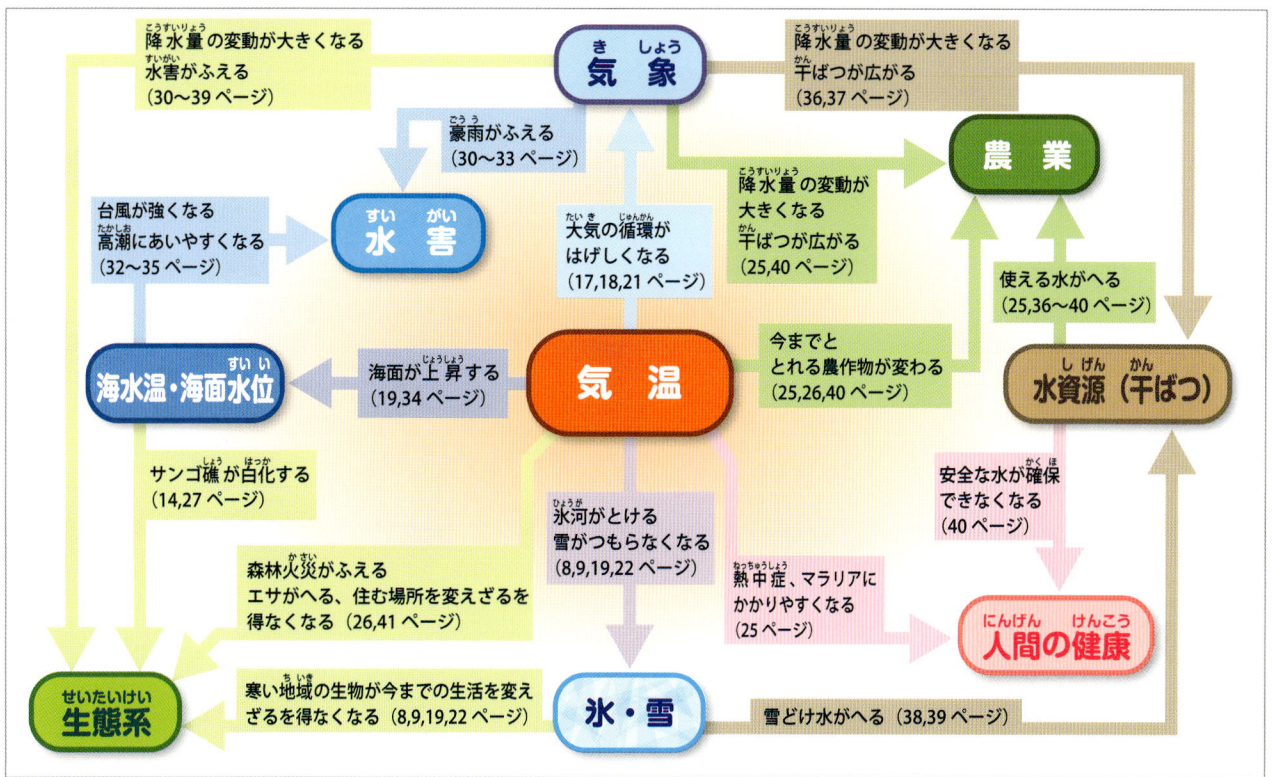

地球温暖化によって起きる現象がおたがいに影響しあって、別の温暖化現象を引き起こしたり、現象を強めたりすることを表した図です。そのくわしい内容については、それぞれの項目に対応したページを見てください。また、ここであげた現象は、代表的なものだけで、すべてではありません。

わたしたちへの影響

急激に地球の気温が上がり、地球全体の気候も急激に変化すると予想されています。わたしたちのくらしや産業は急激な変化について行けず、さまざまな問題を引き起こします。

急激な地球温暖化においつけないわたしたちの社会

下の図は、約6000年前の縄文時代の関東平野です。現在より気温が2〜3℃高く、海面は数メートル高かったようで、水色の部分がすべて海でした。現在は海面が低く、陸地となったところに東京、横浜などの大都市が存在しています。しかし、縄文時代のように海面が上昇したら、人々はもっと高い土地にうつり住まなくてはなりません。また、海面の高さが高くなると、少しの雨で川がいっぱいになるため、川がはんらんして水害が起きやすくなります。

このような自然の変化が何千年もかけて起きる場合には、ゆっくりと新しい都市や工場を別な高いところにつくり、新たな農地をつくることもできるかもしれませんが、急激に気温が上昇すると、とても間に合いません。さらに、集中豪雨も起きやすくなったり、ぎゃくに使える水が少なくなることも心配されています。そうしたことにも、すぐにはそなえられないのです。

▶約6000年前(縄文時代)の関東平野と海

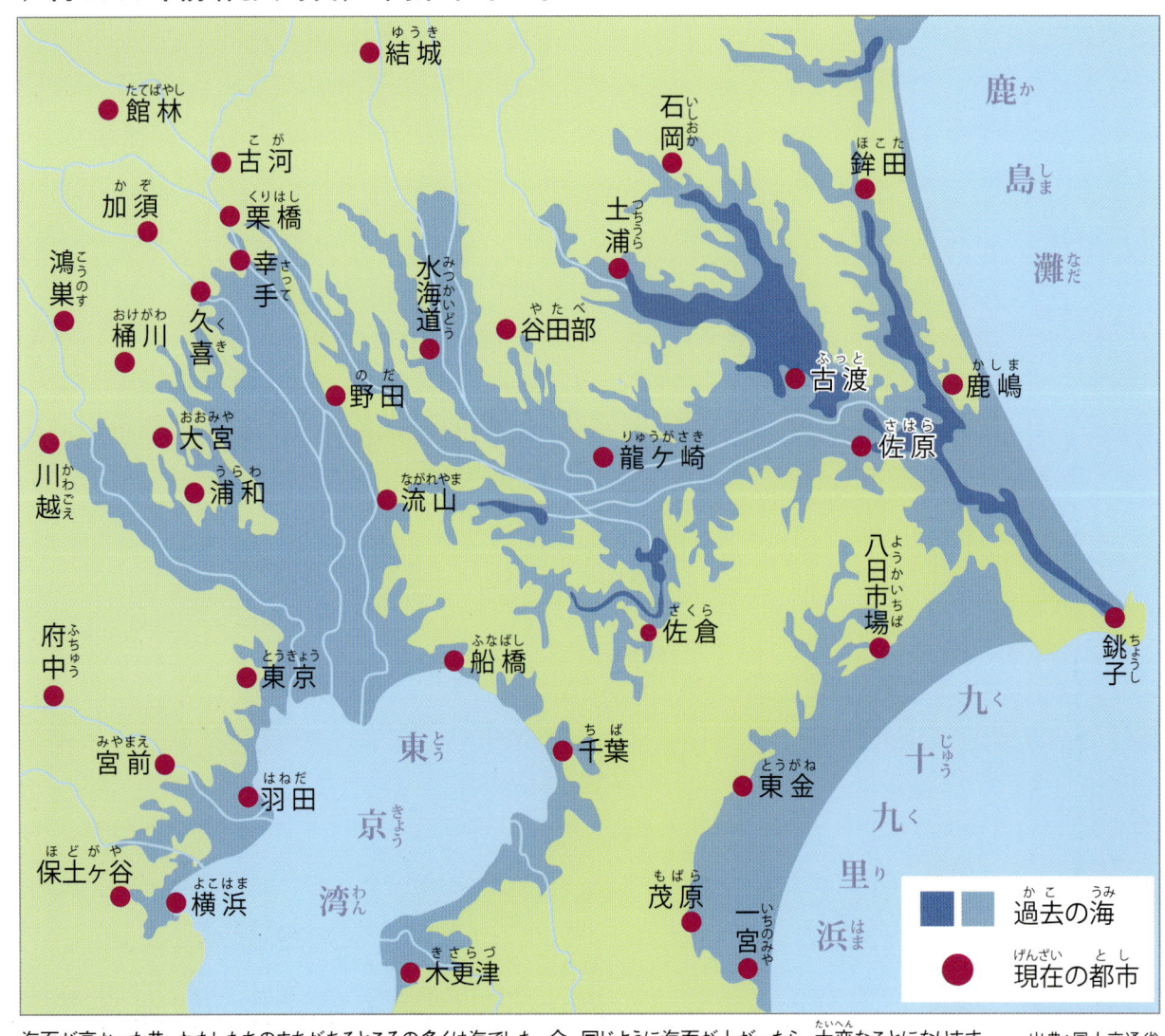

海面が高かった昔、わたしたちのまちがあるところの多くは海でした。今、同じように海面が上がったら、大変なことになります。　　出典：国土交通省

水害や干ばつなど、水にかかわる深刻な影響

水は、地球の気候の一部として、すがた形を変え地球上をかけめぐります。海や地表、地下にも存在し、これらはすべてつながって循環しています。地球温暖化にともなう気候変動で、雨の量やふり方が大きく変化します。水は地球上に生命をはぐくみ、人々のくらしをささえ、農作物なども育てる、とても重要なものなので、足りなくなるとたいへん困ります。その一方で水は、多すぎれば命や財産をうばう洪水などを引き起こしたりもします。さらに、水不足や洪水が起きると、食料の確保、工場生産、衛生状態など、いろいろなことにも影響をおよぼし、それがもとになって飢餓や戦争につながることもあります。水にかかわる影響は、わたしたちの社会にとって、とても重要で深刻な問題です（→29ページ）。

▶ 循環する水

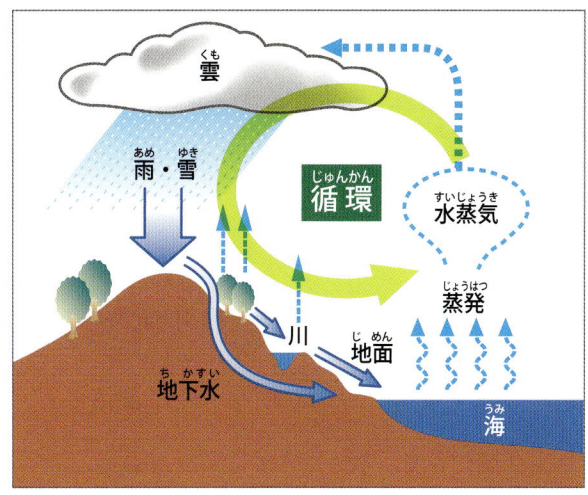

水は、雨になってふり、川に集まって流れ、海に出て、海面や地表面から蒸発して、また雨になります。その途中で、水道水や農作物に使うために川から取水したり、使われた水が川に排水されたりします。

これまでと同じ農業や漁業は続けられないかもしれない

干ばつ

米や麦などの穀物は、赤道から近い暑い地域では、平均気温が1℃上がるころからとれにくくなり、3℃を少しこえたあたりから、すべての穀物が育ちにくくなります。赤道から離れた地域では、平均気温が上がり始めると穀物はたくさんとれるようになりますが、3℃を少しこえたあたりから、いくつかの地域でとれにくくなります。こうしたことに、干ばつによる水不足がかさなると、世界中で農業が大きな打撃を受け、食料不足になるおそれがあります。

人間の健康への影響

人間も生き物なので、地球温暖化により、健康面でさまざまな影響を受けます。

2003年、ヨーロッパでは春から気温が高い日が続き、夏にはフランスやドイツで例年より10℃近く気温が高くなりました。このため多くの人が熱中症にかかり、死亡しました。日本でも2007年に、埼玉県や岐阜県で40℃をこえる高い気温を記録し、熱中症にかかる人が続出しました。このような熱波は、地球温暖化でふえることが予想されています。

また、温暖化により、マラリアなどの伝染病がふえる可能性も予想されています。たとえば、マラリアは、ハマダラカという蚊が病原体を運び、これにさされた人がかかる病気です。ハマダラカは熱帯地方にたくさん生息していますが、温暖化により、ハマダラカの生息範囲が大きく広がるため、それにともない、地域によってはマラリアも広がると予想されているのです。同じような例に、テング熱のウイルスを運ぶネッタイシマカなどがおり、やはり温暖化とともに、生息範囲が広がって、テング熱のはやる地域が広がる可能性があるといわれています。

さらに、温暖化で洪水や干ばつがふえると、その被災地では、衛生状態が悪くなり、医療体制も整わなくなり、病気が広がる原因となっています。

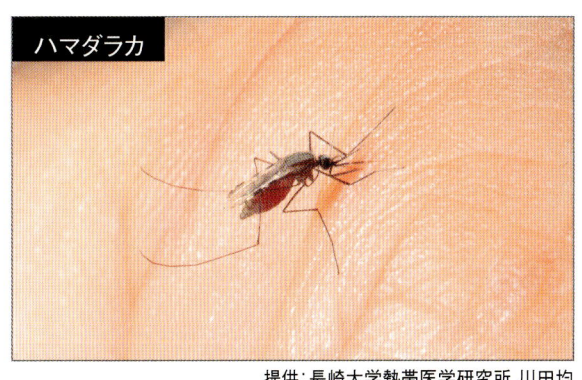

ハマダラカ

提供：長崎大学熱帯医学研究所　川田均

生態系への影響

現在、調査されている生物の20～30％は、地球の平均気温が1.5～2.5℃上がると、絶滅する可能性が高まります。さらに、気温が3.5℃以上、上がると、40～70％の生物が絶滅の危機にさらされるといわれています。

地球温暖化で起こりうる生態系への影響

植物、昆虫、動物などの生物はみな、「食べたり、食べられたり」という食物連鎖の中で、長い間、進化してきました。その土台となっているのが、生活の場である生息地の自然です。魚は水がないと生きていけませんし、木は根を大地にはやして生きています。しかし地球温暖化により、今までくらしていた生息地の環境が変わり、多くの生物たちが絶滅の危機にひんしています。

もちろん、これまでも地球の長い歴史の中で変化は何度もあり、そのたびに、恐竜やマンモスなど、さまざまな生物が絶滅していきました。今、問題になっているのは、近年の急激な温暖化が、今までにないスピードで変化する環境に対応できない生物たちを、絶滅の危機に追いやっているということです。そして、生息地の変化や、そこに住む生物の減少は、人間の生活にも影響をおよぼすおそれがあるのです（→40ページ）。

水・森林への影響

地球の生態系は大きく、水（海、池、川など）と陸の2種類にわかれますが、どちらも地球温暖化により影響を受けます。

水への影響では、水質の悪化が問題です。温暖化で水温が上昇すると、赤潮（海水中のプランクトンが異常にふえて、海水が変色する現象）の原因である藻の繁殖がさらに進み、赤潮の発生率、発生規模が拡大する可能性があります。藻の増殖は、水質を悪化させ、きれいな水でしか生きられない魚が死んでしまうのです。このように魚がへると、それを食べている大きな魚、さらには魚を食べる人間にも影響があります。

また、北アメリカの川の一部などでは、きれいな雪どけ水が、川を洗浄していましたが、温暖化で雪がへり、水質の低下が心配されています。つまり、海や川の水質の悪化は、その周りにはえる植物、川や海の魚や、その魚を食べる動物や鳥など、そこに住んでいるすべての生物の生き方に影響をおよぼすのです。

地球温暖化は、陸の生態系にも影響をあたえます。近年増加している森林火災も、そのひとつだといわれています（→41ページ）。特に、アメリカ、カナダ、インドネシアなどで多く報告されています。また、温暖化により冬が寒くなくなると、越冬する虫などもふえるため、森林の生態系が変わる可能性も出てきました。

北にお引越し、北上化

地球温暖化が進むと気温が上がり、それをさけるように、北半球の生物はよりすずしい北へ、南半球の生物は南へ移動します。たとえば、河川の温度が25年間で平均1℃上がったスイスでは、サケ科のブラウントラウトの分布が上流に移動しています。また、すずしいところに移動したくても移動できない生物もいます。八ヶ岳（長野県・山梨県・標高2500m～2800m）などに生息しているイワウメやイワヒゲなどの頂上付近の高山植物は、それ以上すずしいところへは動けません。くわえて、北上してきた山の低い地域の植物との土地のうばい合い（分布競争）も起こっています。

提供：山下俊之 http://homepage2.nifty.com/hanapapa/

イワウメ

高山の日あたりのよい岩場に、はりつくように生息します。

マダラヒタキ

ヒナを育てるためには、たくさんのエサが必要です。そのエサは、温暖化の影響で、発生ピーク期が変わってしまいます。

提供：株式会社エコリス

エサがなくなる!? わたり鳥

　マダラヒタキは、アフリカ中部から北部で冬をこし、春になるとオランダなどでたまごを産み、秋にまたアフリカにもどるわたり鳥です。このわたる時期は、日照時間や気温に影響されませんが、繁殖地でエサとなる昆虫は影響を受けます。昆虫の発生ピーク期は、気温変化によって変わるため、地球温暖化が進むと、毎年同じ時期にわたるマダラヒタキは、エサ不足から数がへってしまう可能性があります。

ふえすぎた!? ニホンジカ

　地球温暖化の影響で絶滅が心配される生物は多くいますが、反対に、ニホンジカのように、ふえている可能性がある生物もいます。

　雪の多い地方に住むニホンジカは、本来、冬をこすのがむずかしいのですが、温暖化で雪がふる期間が短くなり、25年間で生息地が1.7倍に広がりました。ニホンジカがふえすぎて、エサとなる植物の減少や農作物への影響が問題になっています。

ニホンジカ

市街地に出没したニホンジカ。

提供：釜石市

海のゆりかごの危機―サンゴ礁

白化したサンゴ礁

白化現象は、高水温、強い光、紫外線などのストレスにより、藻が失われることで発生します。

提供：ロイター／アフロ

　サンゴ礁とはサンゴでつくられている、約9万3000種の生物がくらす"海の中の森"です。しかし、さまざまな海洋生物の生息地であり繁殖地でもあるサンゴ礁は、地球温暖化の影響を多方面から受けており、2030年には世界中のサンゴ礁の60％が消えてしまうという予測も出ています。

　サンゴの表面には藻が住んでいますが、藻は光合成でサンゴに栄養をあたえ、サンゴは藻を守り住まわせ、たがいに利益を得ながら共生しています。しかし、温暖化による海面上昇で、藻は十分な光合成ができなくなっています。また、海水の気温上昇でも藻は弱ってしまいます。栄養不足のサンゴは、病気にもなりやすく、やがて白くなって死んでしまいます。これを白化現象といいます（→14ページ）。このほか、温暖化によって大型台風などがふえると、サンゴ礁が破壊される可能性がふえてしまいます（→32ページ）。さらに、二酸化炭素が大量にふえると、二酸化炭素は海水にとけこみ、水が酸化します（→28ページ）。酸性の水ではサンゴのかたい骨格（石灰質）は育ちにくく、サンゴの成長や繁殖をさまたげる可能性もあります。

● コラム　**森や海は、大切な自然のカーボンシンク**

　温室効果ガスの二酸化炭素は、みなさんのまわりの身近な場所にもあります。みなさんは、炭酸飲料を飲んだことがありますか？　あのあまい炭酸飲料のシュワシュワのあわが、二酸化炭素です。このように二酸化炭素は、水の中にもとけこんでおり、大気以外の自然のいろいろなところにかくれています。

　大気は、地球全体で見ると、絶えず大きく循環しています。そして、この流れにそって、二酸化炭素も動いていきますが、その大きな流れの中で、一時的に二酸化炭素（CO_2）などの炭素（C）をふくむ化合物をためて、保管するところを「カーボンシンク」といいます。つまり、カーボンシンクとは、炭素を保管しておく倉庫のようなものです。

　陸のおもなカーボンシンクは、森や放置された農地などです。森や放置された農地には、自然に草や木がはえますが、その木などが光合成をして成長するときに、空気中の二酸化炭素を吸収して、炭素は木のからだの一部になり、酸素は空気中に出ていきます。つまり、森や放置された農地などは、炭素を木の幹などに保管しているので、陸のカーボンシンク、といわれているのです。しかしこの陸のカーボンシンクも、今は危機的な状況にあります。たとえば2030年までにアマゾンの熱帯雨林は、その60％が破壊される可能性があり、そうすると二酸化炭素が414億トンも空気中にたまってしまう、という予想も出ているのです。

　海は、そのすべてがカーボンシンクです。2つの方法で炭素を保管していますが、その1つが、空気とふれ合っている海面です。これは短期的なカーボンシンクで、二酸化炭素は海面と空気を行き来しています。中でも、冷たい水には多くの二酸化炭素がとけこみやすく、南極などの冷たい海水が、カーボンシンクとしては優秀です。2つ目は、深海です。長期間、炭素を保管していると思われる深海には、海面で二酸化炭素を吸収して死んだ植物性プランクトン（葉緑素をふくむ生物）などがしずんでたまっていきます。つまり海面の二酸化炭素を、海底に炭素として移動させ、保管しているのです。

　しかし、これら陸と海のカーボンシンクでさえも、人間が出している二酸化炭素すべてを処理しきれません。自然には循環のバランスとスピードがあり、急激にふえる二酸化炭素には対応できないのです。ですから、わたしたち人間は二酸化炭素の排出をへらし、同時に自然のカーボンシンクを守っていく必要があるのです。

海

森

地球の70％は海です。海がカーボンシンクとしてがんばっている間に、人間の出している二酸化炭素をへらしていく努力をしていかなければなりません。

森の木々が、炭素を地中にとどめてくれる速さはとてもゆっくりですが、森林伐採などで失われた森を育てることで、少しでも二酸化炭素をへらすことができます。

提供：垣内ユカ里

第2章
地球温暖化でふえる災害

世界的に強い雨がふり大洪水を引き起こす

地球温暖化にともなう気候変動により、1年間の降水量は、ふえる地域もへる地域も出てきます。しかし、ほとんどの地域で、これまでより強い雨がふり、洪水被害がふえると予想されています。

川の水量が、ふえすぎる地域とへりすぎる地域

地球温暖化で地球全体の気候が変わると、世界各地の降水量が変化し、年間の川の水量も大きく変化します。これまで水不足になやまされてきた地域の川の水量がふえ、洪水になやまされてきた地域の水量が少なくなればよいのですが、そう都合よくはいきません。むしろアフリカ南部、中東、ヨーロッパ南部、北米南部などの乾燥地域では、さらに川の水量がへり干ばつが起きやすくなります。また、これまでも水害になやまされていたバングラデシュなどアジア地域では、さらに川の水量がふえて洪水が多くなることが心配されます。

▶ 2050年ごろまでの年間河川流量の平均変化率（％）

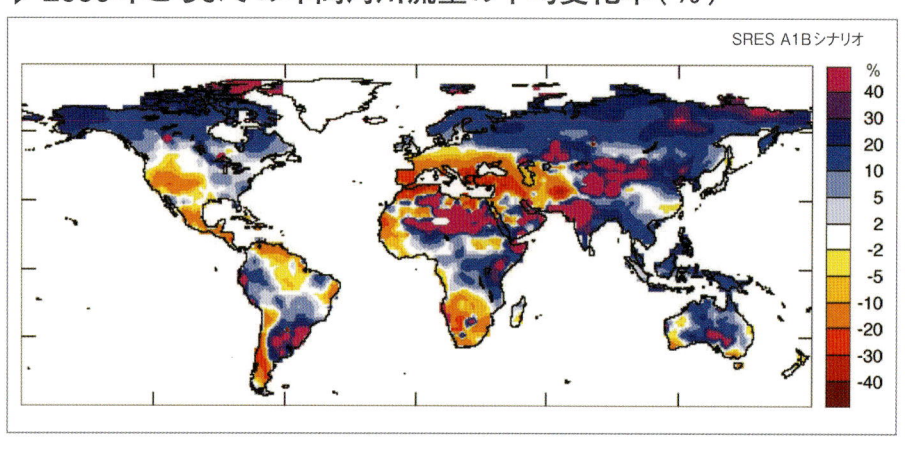

1年間の川を流れる水量が、1900～1970年の平均に対して、2041～2060年の平均がどのぐらい変化するか、IPCC（→54ページ）が予測した結果をあらわした図です。

出典：IPCC, 2007

世界的に強い雨がふりやすくなる

年間にふる雨が少なくなる地域でも、洪水を引き起こすような強い雨はふえるだろうと予測されています。地球温暖化で強くなった上昇気流が、強い雨をふらせる雲を発達させることなどが原因です。

▶ 降水の強度の変化（1980～1999年と2080～2099年との比較）

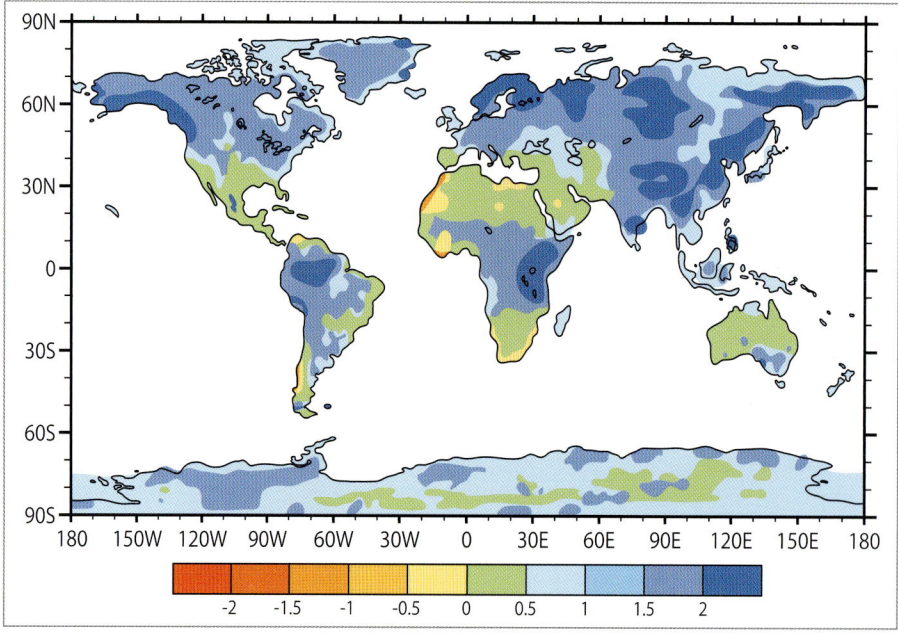

右の図は、1980～1999年に対する2080～2099年の降水強度の差をあらわした図です。ほとんどの地域が、雨が強くなる緑から青になっています。

出典：Gerald A. Meehl, Julie M. Arblaster, and Claudia Tebaldi

世界中でふえている水害

　最近、世界中で水害がふえています。特に、アジア地域は深刻です。1987～1997年に世界中で発生した水害の44%は、アジアに被害をもたらし、20万人をこえる命がうばわれました。また、あまり洪水が発生していなかったヨーロッパの国々でも大雨により大きな水害が発生し、アメリカでは、ハリケーンが毎年のように猛威をふるっています。
　国連大学では、世界の洪水被害者は、2050年までに20億人になるかもしれないと予測しています。

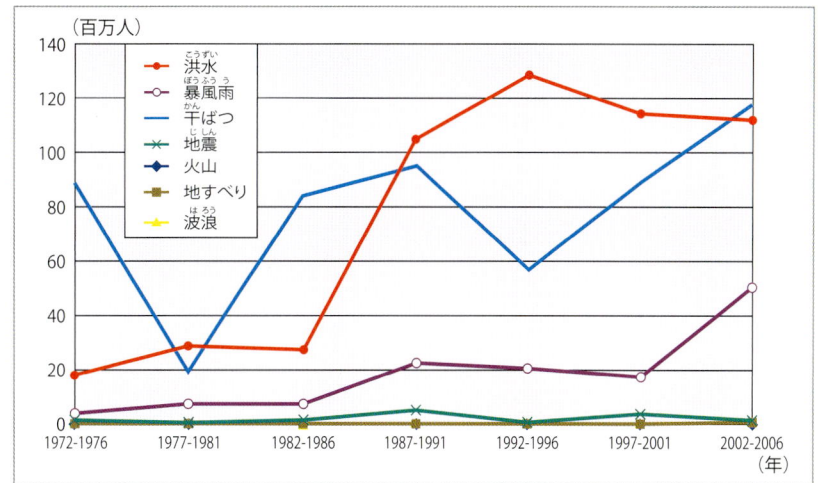

▶世界の自然災害の被害者（種類別・期間別）

出典：世界災害報告、国際赤十字・赤新月連盟

水害が多い日本では、さらに水害がふえる

　国土面積の約70%が山地である日本では、約10%の洪水はんらんのおそれのある平地に、全人口の半数がくらしています。しかも、梅雨期や台風期には大量の雨がふります。日本は、世界の中でも、もともと水害や土砂災害が起こりやすい国なのです。
　最近、集中豪雨がふえてきていますが、気象庁は温暖化の影響で21世紀前半には、1時間あたりの降水量がふえると予測しています。また、21世紀後半には、1日あたりの降水量がふえるほか、1年間の降水量も現在より10～20%くらい多くなると予測しています。このため、さらに水害がふえることが心配されています。

▶日本における豪雨日数の変化

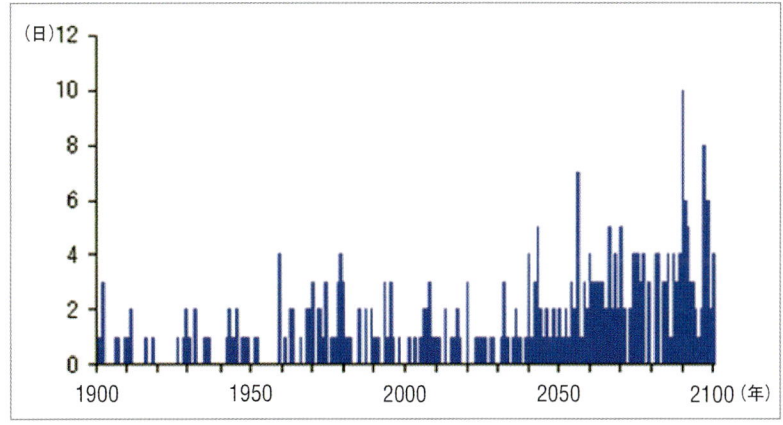

日本のどこかで100ミリメートル以上の雨がふる豪雨日となっている数は、現在は年3日くらいですが、2100年近くには、最大10日くらいにふえます。

出典：気象庁「異常気象レポート2005」

1999年御笠川のはんらん
福岡市の中心の博多駅前が水没しました。

2004年新潟豪雨
ボランティアによるあとかたづけ。

31

あたたかくなる海は台風を凶暴にする

熱帯地域の海面の水温がこれまでより高くなると、たくさんの台風が生まれるだけでなく、生まれた台風がどんどん発達していきます。こうして、大型化した強い台風がわたしたちのまちをおそってくるのです。

台風はこんなふうに生まれる

海面の水温が高い熱帯の海上では、上昇気流が発生しやすく、この気流によって次々と発生した積乱雲（日本では入道雲ともいいます）がまとまって大きなうずになります。このうずの中心付近の空気は、急激な上昇気流により減少して気圧が下がります。そして、あたためられて、さらに発達して熱帯低気圧となり、風速が毎秒17メートルをこえたものを「台風」とよびます。

▶台風の発生、通過の場所

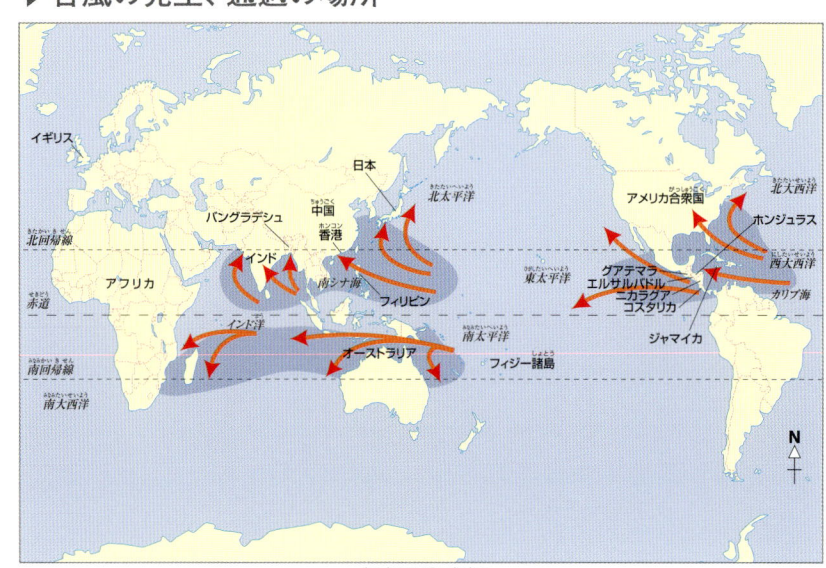

台風やハリケーン、サイクロンといった強い熱帯性低気圧は、赤道近くの海上でたくさん発生します。

凶暴化する台風、ハリケーン、サイクロン

▶台風モーラコットによる降水量（台湾）

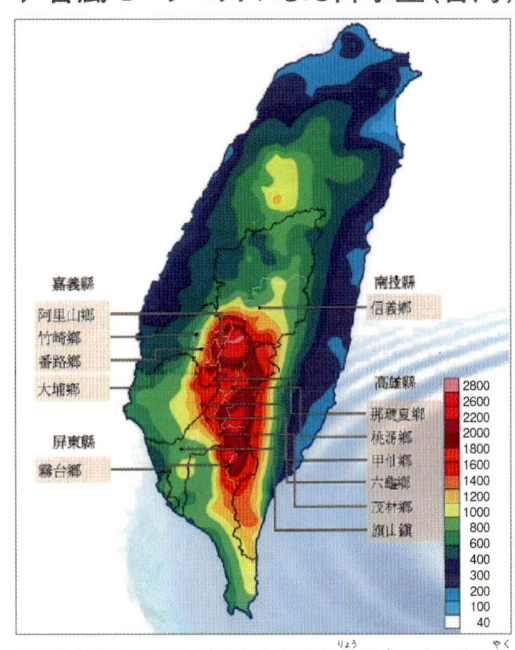

2009年8月。ふりはじめからの雨の量は多いところで約3000ミリメートルにもなり、今住んでいる人たちがはじめて経験する大きな被害をもたらしました。

地球温暖化で海水面の温度が高くなると、台風などが発生しやすくなるだけでなく、発生した台風はあたたかい海面からつくられる水蒸気をエネルギー源として発達し、急激に強くなり大型化します。

2005年には、ハリケーン・カトリーナがアメリカのメキシコ湾岸地域に大きな被害をあたえ（→10ページ）、2008年には、ミャンマー南部をサイクロン・ナルギスがおそい、13万人もの命をうばいました。また、2009年には、日本の南方で発生した台風8号（モーラコット）が台湾に上陸、750人以上の犠牲者を出しました。

現時点でこれらのできごとを、地球温暖化にともなう気候変動に結びつけることはできません。しかし、過去30年間とくらべ、近年きわめて強い熱帯低気圧が発生し、その数がふえていることは、確かなことです。

出典：中華民国経済部水利署

▶台湾の小林村の悲劇

以前の小林村

土砂にうまった小林村

台湾の台南市の東にある小林村は、山あいにある景色の美しい村でした。2009年8月9日午前6時ごろ、村の近くの山が約190ヘクタールにわたってくずれ、村の北半分がうめられてしまいました。さらに、土砂が川をせきとめ、天然のダムになり、水がたまり、午前7時ごろそれがもちこたえられずにこわれ、村の南半分を土砂とともにおし流しました。これにより、多くの村人が命を失いました。

提供：日本災害情報学会

2004年、たくさんの台風が日本に上陸した

2004年の台風の日本への上陸数は10こで、各地で多くの被害を出しました。この年の台風の発生数は25こで平年なみでしたが、例年日本に上陸する数が多い年で5、6こであることを考えると、過去にないほど、たくさん上陸したことになります。

台風はふつう、発生後、西よりに北上し、北緯20～30度付近からは方向を変え、東よりに北上します。このとき、多くの台風は、太平洋高気圧にさまたげられ、その西にそって進みます。日本への台風の上陸数が多くなった原因は、台風が日本付近を経路としやすい、太平洋高気圧が平年より北にはり出した気圧配置になっていたことだと考えられています。

このような気圧配置になった原因は、気圧配置を決める地球規模の大気循環と海水温の変動です。これは、地球温暖化が原因のひとつと考えられますが、大気循環の変動のしくみ自体がまだくわしくわかっていないので、すべてが温暖化によるものなのかどうかは、はっきりしていません。

▶台風と太平洋高気圧の関係（2004年）

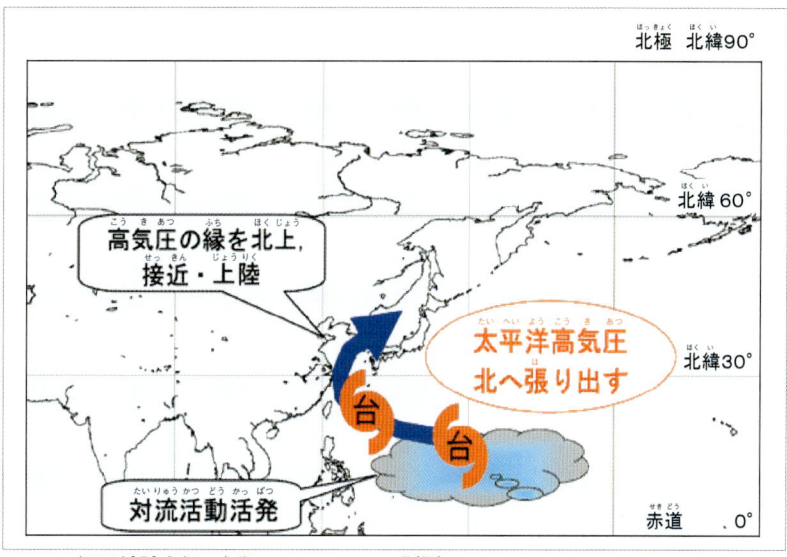

台風は、太平洋高気圧を時計まわりにまくように北上します。

出典：気象庁「気候変動監視レポート2004」に加筆

2004年、円山川の洪水

2004年には、例年ではやってこない11月にも台風が日本に上陸し、大雨とたくさんの被害をもたらしました。

提供：国土交通省

海面が上がり、洪水や高潮に弱くなる

地球温暖化で海面が上昇すると、これまで大きな被害にならなかった洪水・高潮・津波でも、大きな被害になるおそれがあり、世界中の海辺のまちが災害に弱くなります。

気温上昇と海面上昇

IPCC（→54ページ）は、今後20年間に、10年当たり約0.2℃の割合で気温が上昇し、100年後には地球の平均気温が1.8～4.0℃上がると予測しています。この結果、地球の海面の平均水位は、18～59センチメートル上昇するといわれています。また、温室効果ガスの排出量が少なくなったとしても、温暖化や海面上昇は、数世紀にわたって続くといわれています。

グラフの左側の数字は、それぞれ1961～1990年の平均からの差を表しています。世界の平均気温、平均海面水位も、近年、急激に上がりはじめています。
出典：IPCC, 2007

▶これまでの気温と海面水位のうつり変わり

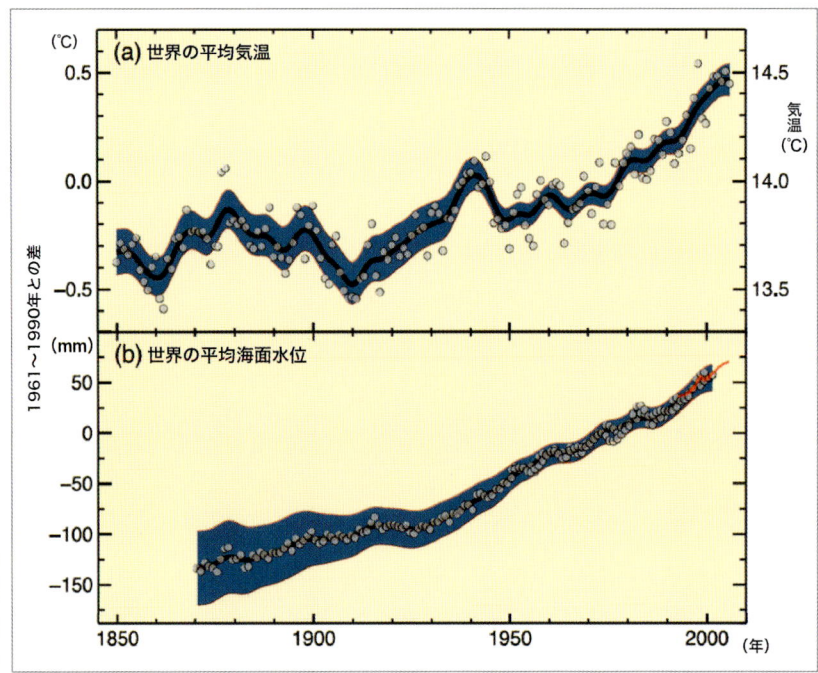

▶21世紀末の気温と海面水位の上昇

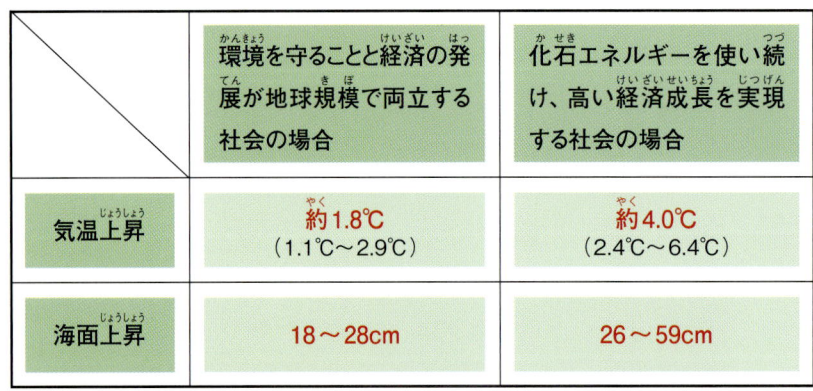

	環境を守ることと経済の発展が地球規模で両立する社会の場合	化石エネルギーを使い続け、高い経済成長を実現する社会の場合
気温上昇	約1.8℃ （1.1℃～2.9℃）	約4.0℃ （2.4℃～6.4℃）
海面上昇	18～28cm	26～59cm

二酸化炭素をたくさん出す社会と、そうでない社会で、影響はことなってきます。

ゼロメートル地帯が拡大し、高潮による浸水被害がふえる

イタリアのベネチアが浸水した回数は、20世紀初めには年間10回以下でしたが、1990年には年間40回ぐらい、1996年には年間100回、2006年には年間250回にもなりました。また、広島県の厳島神社が浸水した回数は、1990年代は年間5回以下でしたが、2000年代に入ると年間10回くらいになり、2006年には年間22回にもなりました。これらが地球温暖化の影響だけかどうかははっきりしていませんが、確実に高潮にあいやすくなっています。

日本の東京湾、伊勢湾、大阪湾のおくのほうには、

海面水位よりも土地が低い「ゼロメートル地帯」が広がっています。これらの地域には、日本を代表する工業地帯があり、大正時代から工場に使う水を、どんどん地下からくみ上げてきました。その影響で、多いところで4メートル以上地盤が沈下し、ゼロメートル地帯となってしまいました。

昭和50年ごろには、地下からくみ上げる量が制限され、地盤沈下はおさまっていますが、地下からのくみ上げをやめても、地盤は下がったままです。

このゼロメートル地帯には、夜間人口でも400万人をこえる人々がくらしています。これらの地域は、高潮や洪水、地震の時の津波にも大変弱い土地です。これまでも、伊勢湾台風や室戸台風などで大きな被害をこうむりました。地球温暖化で海面水位が上昇すると、さらにゼロメートル地帯は広がり、そこにくらす人々も約600万人にふくれあがります。

厳島神社

提供:Tomo.Yun http://www.yunphoto.net

▶ 大阪湾、伊勢湾、東京湾の海面上昇の影響

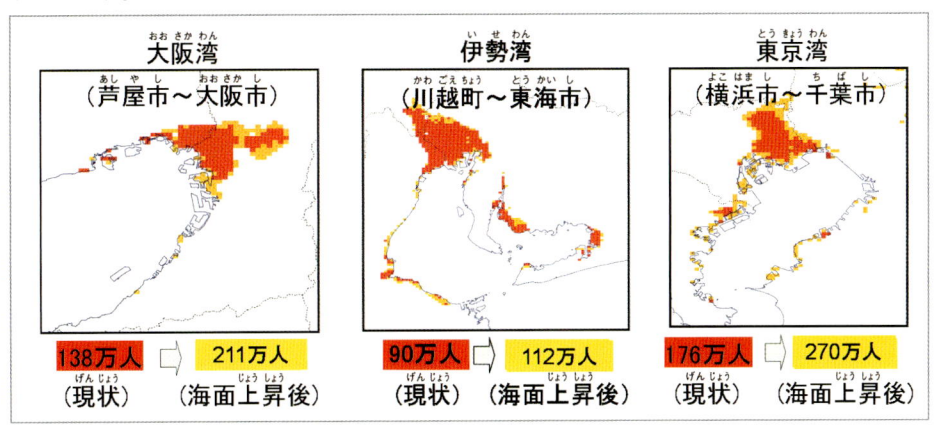

大阪湾（芦屋市～大阪市）: 138万人（現状）⇒ 211万人（海面上昇後）
伊勢湾（川越町～東海市）: 90万人（現状）⇒ 112万人（海面上昇後）
東京湾（横浜市～千葉市）: 176万人（現状）⇒ 270万人（海面上昇後）

予測されている世界の平均海面水位の最大の上昇量は、59センチメートルで、このときの三大湾のゼロメートル地帯の面積、人口は、5割ふえると予測されます。

出典:国土交通省

砂浜が後退し、なくなってしまう

1980年
1986年

海面が上昇すると、これまであまり波をかぶっていなかったところまで、波をかぶるようになります。砂浜の砂は、波に海の方へ運ばれてしまわないように、安定したもっとなだらかなかたむきになろうとします。そのため、より陸の方まで砂浜が広がろうとします。1メートル海面が上昇すると、砂浜は約100メートル陸の方へ広がります。どんどん陸地の方に下がっていきますが、岩やコンクリートのところでそれ以上、下がれなくなると砂浜が消えてしまいます。このように、海面上昇により、日本では砂浜の約90％が、けずり取られるおそれがあります。また、砂浜は、大きな波を打ち消す効果もあるので、高潮災害に弱い海岸地域となってしまいます。

茨城県の波崎海岸では1980年ごろには、100メートル以上の砂浜がありましたが、現在はほとんどなくなってきています。

提供:国土交通省

温暖化で利用できる水がへり干ばつが広がる

すべての雨や雪が、生物や人々のくらしに利用できるわけではありません。地球温暖化で氷河がとけ、雪もつもらなくなるため、雨が今よりたくさんふる地域でさえ、利用できる水は、今よりも少なくなりそうです。

降水量の減少と氷河の縮小が、水不足をもたらす

もともと水がなくて、こまっている乾燥地帯では、地球温暖化でさらに雨がふらなくなると、人々がくらしていけなくなります。

温暖化の影響はそれだけではありません。氷河や積雪は、1年を通しゆっくりと川の水を流す自然のダムです。これらの雪どけ水を生活や農業などに利用している地域には、世界の人口の1/6をこえる人々がくらしています。温暖化で、氷河が縮小したり、雪としてつもらなくなると、日ごろの川の水量はへり、これを利用してきた人々に大きな打撃をあたえます。

これらが重なって、温暖化にともなう気候変動で、多くの地域で、干ばつがふえると予想されています。

干ばつに苦しむアフリカの農民

撮影：毎日新聞社 長谷川豊

▶干ばつが発生する頻度の変化

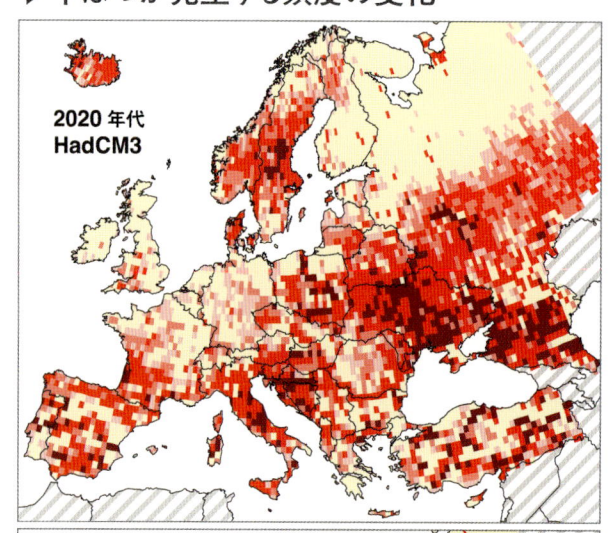

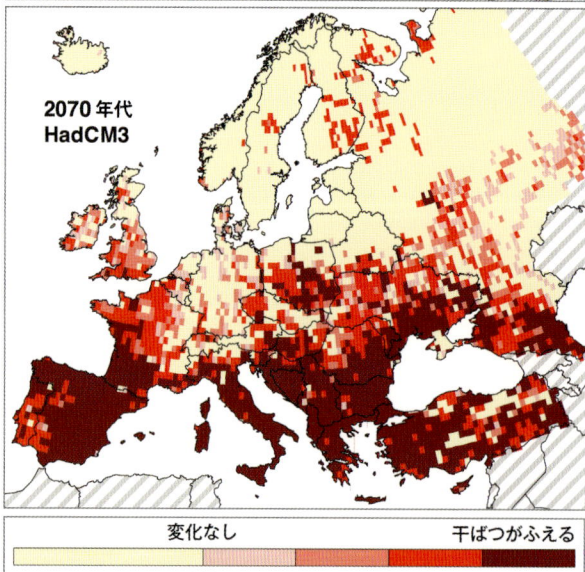

2020年代
HadCM3

2070年代
HadCM3

変化なし　　　　　　　干ばつがふえる
<　　100　　70　　40　　10　　>
（何年に1回発生するかの頻度）

現在、100年に1度の確率で発生するぐらいの干ばつが、将来何年に1度の確率で発生するかをしめした図です。2020年には、北ヨーロッパや東ヨーロッパなどにも干ばつが広がり、2070年代には、ヨーロッパ南部の広い地域が、深刻な干ばつになることが心配されています。このように、降水量があまり変わらないヨーロッパでも、多くの地域で干ばつが起きやすくなります。

出典：IPCC, 2007

人口増加・都市化・森林破壊と世界の干ばつ問題

　降水量は、世界のそれぞれの地域によりちがいます。水不足となる干ばつの被害は、単に降水量の多い少ないだけで起きるものではありません。干ばつになるかどうかは、地上にふった雨や川を流れる水の量（水の利用可能量）と、人々が飲み水や農業・工業などで使う水の量（水の消費量）との関係で決まります。下の図の赤い色は、水の利用可能量に対し、水の消費量が上回っている地域です。このような地域では、年によっては水が足りず、干ばつの被害が発生しています。

　世界の人口は急激にふえています。また、産業の発達にともなう森林の伐採なども多く行われています。こうしたことから、水の利用可能量と消費量のバランスがさらにくずれて、地球温暖化の影響を受けなくても、すでに多くの国で、干ばつの被害がひどくなってきています。

　この水のバランスをとるためには、まずは水を節約することが大切です。さらに、飲み水など水資源として利用できる水を確保するためには、ダムなどの貯水施設や導水路などの建設、水のリサイクル技術などが必要になるため、各国の経済状態や軍事紛争なども、大きく影響してきます（→48,49ページ）。

▶世界の水ストレス

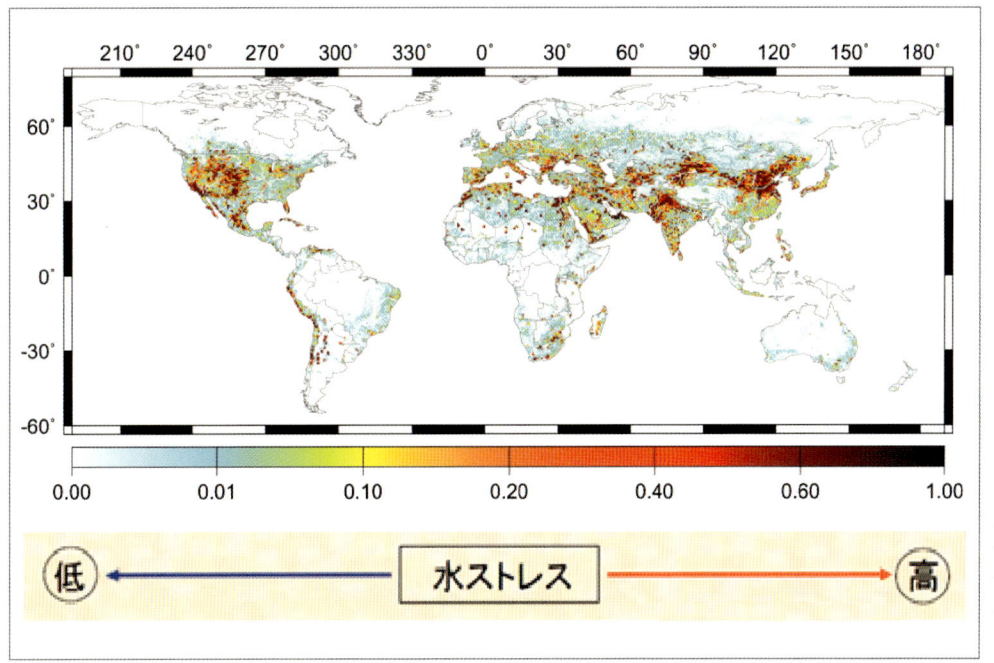

利用可能な水量に対する消費量の割合をしめしたものに、「水ストレス」があります。人間や環境が必要とする水量の不足および水質の悪化をあらわす指標です。赤いところほど、水ストレスが高く干ばつに弱い地域です。

出典：T. Oki and S. Kanae, Aug. 2006: Global Hydrological Cycles and World Water Resources, Science, Vol. 313. no. 5790, pp. 1068-1072.

水が少なくなった黄河

まったく水がかれてしまった黄河の支川

中国北部では、2008年冬から雨が少なく、例年の20〜70％しかありませんでした。そのため、干ばつの被害は深刻で、2009年8月の中国政府の発表によると、1133万ヘクタール（日本の面積のほぼ30％）で農作物の被害が発生しています。

提供：国土交通省

日本も水不足が心配されている

日本では、年間の降水量の多い年と少ない年の差が大きくなり、さらに、気温の上昇で雪もつもらなくなります。このため、利用できる水はへり、水不足になるおそれがあります。

近年、年間降水量が減少してきている日本

　日本における近年の年間降水量は、下の図のようにたくさんふった年と、少ししかふらなかった年の差が、だんだん開いていっています。また、多い年と少ない年の平均値で見ると、だんだん下がってきており、大きくとらえると、日本の降水量が年々少なくなってきているのがわかります。

▶日本の年間降水量のうつり変わり

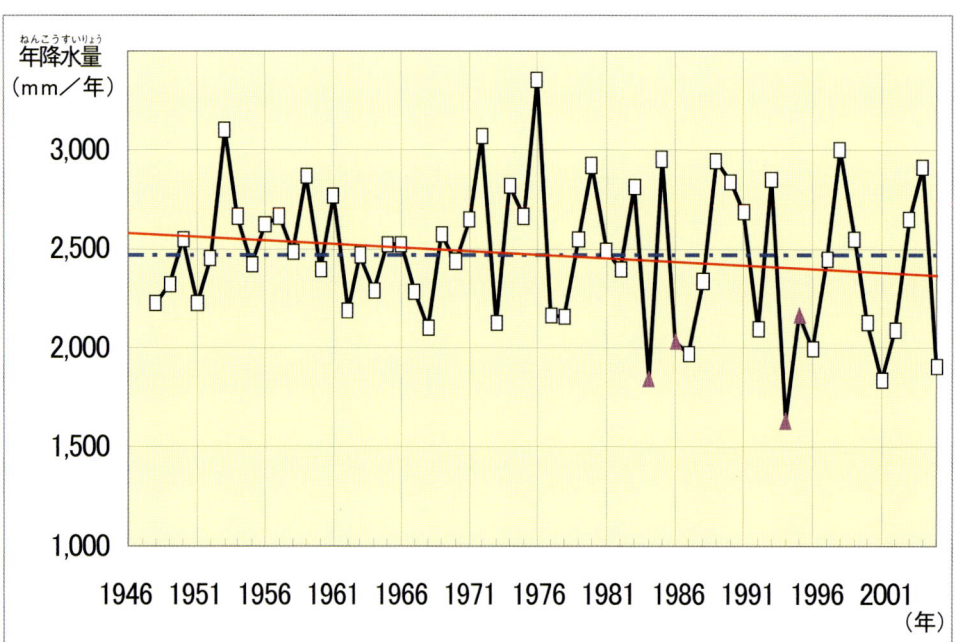

毎年の降水量は変動しますが、赤い線でしめした各年の平均ではだんだんへってきています。　出典：国土交通省

早明浦ダム湖

貯水量がへった早明浦ダム湖

　雨があまりふらなくなり、川の水量が少なくなったときには、上流のダムから、ためてある水を流します。雨が少なくなった分、以前よりたくさんの水をダムから流さなければならないので、その分、ダムの貯水量もへります。ダム貯水池は、かんたんには大きくできませんので、渇水の年には、少しの水しか流せなくなってしまい、安定した水利用ができなくなってしまいます。そうしたことから、近年は水不足になりやすくなってきています。

水がめとして、四国4県をささえる早明浦ダム。最近、水不足がたびたび起きており、大きな課題となっています。

提供：国土交通省

21世紀末、年間の降水量は少しふえるが、年によって大きく変化する

気象庁の予測では、1年間の降水量は、現在より10〜20%くらい多くなります。このため、水不足の心配は小さくなる方向です。

一方で、下の図は、日本で雨がたくさんふる季節である夏（6〜8月）の降水量を2100年まで予測したものです。降水量の多い年と少ない年の差がさらに開くことがわかり、水が利用しにくくなりそうです。多いときに水をためて、少ないときに使うなどのくふうをしないと、水不足になることが心配されています。

▶日本の夏（6〜8月）の平均降水量のうつり変わりと将来の予測

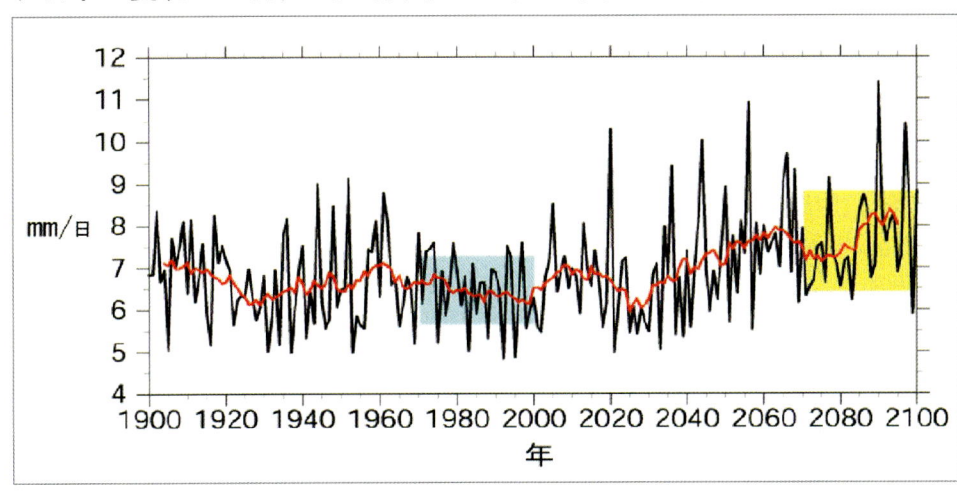

洪水が起きやすい降水量の多い年と、干ばつが起きやすい少ない年の差が、たいへん大きくなるのがわかります。

出典：木本昌秀：水資源学シンポジウム「国連水の日−気候変動がもたらす水問題」発表資料

雪がつもりにくくなり、利用できる水がへっていく

地球温暖化の影響は、降水量の変化だけではありません。気温が高くなることにより、これまでは雪になってつもっていた水分も、雨となり地上にふり、そのまま川を流れていきます。このため、自然のダムであった積雪は、その役割をはたせなくなってしまいます。また、春になり雪どけが始まると、これが下流の水田に流れ、大量の水を引き入れて土をならす「代かき」が行われますが、温暖化でこれまでより早く雪がとけてしまい、代かきの時期に利用できなくなってしまうことも予想されています。

▶稲作に使いにくくなる雪どけ水

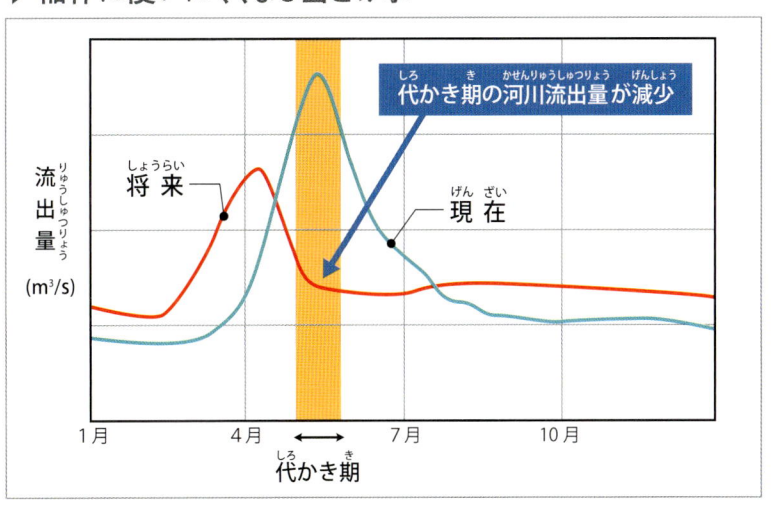

代かき期の河川流出量が減少

▶福井県大野市の積雪量

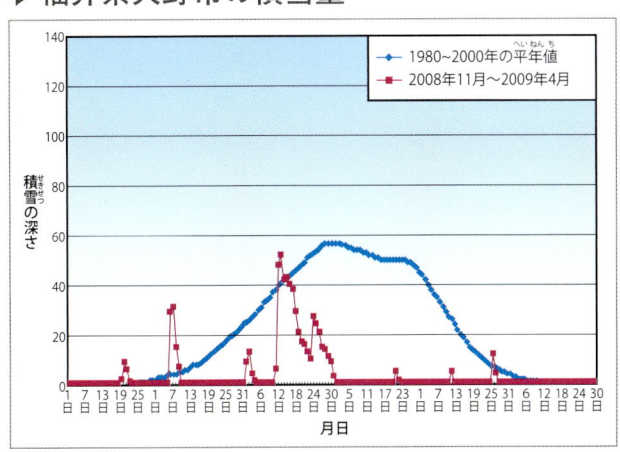

例年1、2月は1メートル前後の雪にうもれている福井県大野市。2009年は、ほとんど雪がつもらずに春をむかえました。

水不足により、人々にさまざまな問題がおそいかかる

飲み水が足りなくなるだけでなく、衛生状態が悪くなり、病気がはやります。農作物がとれなくなり、世界的に食料不足になります。そして、世界各地の社会や経済が、大きな打撃を受けます。

安全な飲み水が得られず、多くの子どもたちがなくなっていく

　地球温暖化により、利用できる水が少なくなるだけでなく、以前からの人口増加や農業・工業の発展にともなう水消費量の増加、水質汚染などが複雑にからみ合って、水不足はさらに深刻化しています。

　また、アジア、アフリカなどの水道施設が不十分な地域では、もともと清潔な水の確保が大変です。干ばつで利用可能な水の量が少なくなると、清潔な水の確保がさらに困難になります。現在、世界では12億人以上の人が、安全な飲み水を手に入れることができません。不衛生な水しか飲めない子どもたちが、毎日約6000人なくなっていると推定されています。飲み水と食事のための水、体を清潔にたもつための水を合わせ、子ども一人が生きていくためには、最低、毎日20リットルの安全な水が必要だといわれています。

　水道のじゃ口をひねれば、清潔な水がすきなだけ出てくる日本では、しんじられないことです。しかし、顔をあらい、おふろに入り、食事もして、トイレにも行く、それが水がなくなったら、どうなるか想像してみてください。

▶安全な水を手に入れられる人の割合

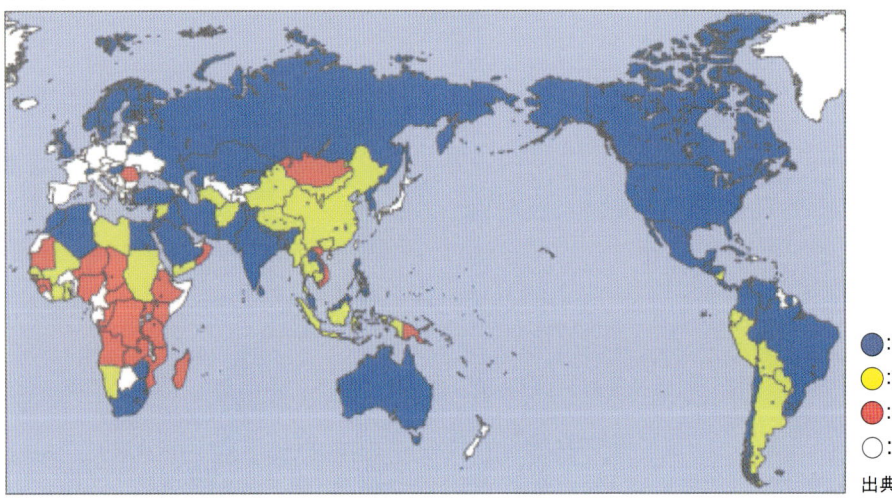

- ●：81％以上の国
- ●：61％～80％の国
- ●：60％以下の国
- ○：データなし

出典：世界保健機関（WHO）

水不足で食料生産ができなくなる

　農作物は、水がなければ育ちません。気温上昇で農作物を生産できる場所がへったり、水不足でその生産量が激減するおそれがあります。食料の不足は飢饉をまねき、ひどいときには餓死する人も出ます。1980～2000年の間に、4万人をこえる人たちが、干ばつでなくなっているとの報告もあります。農作物の不足は家畜のえさの不足につながり、畜産物の生産低下もまねきます。

　最近はトウモロコシなどから、バイオ燃料がつくられるようになりました。このために森林が伐採され、大量の水が消費され、干ばつを助長している地域もあります。ぎゃくに、干ばつが進むと、バイオ燃料の生産自体もむずかしくなります。

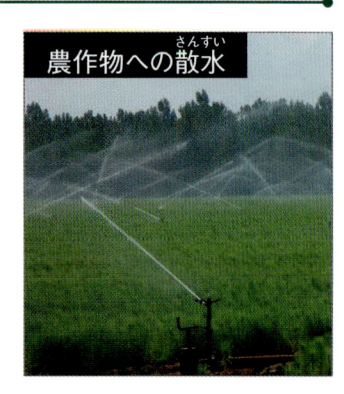

農作物への散水

工業生産が順調にできなくなる

　つくる製品の種類によっては、大量の水を使用したり、少量でもきれいな水が必要な工場があります。たとえば、製鉄所では、とかした鉄を冷やすための水が必要だったり、製紙工場では、パルプを水にとかしながら紙をつくるために、大量の水が必要です。精密機械工場では、まじり気のないきれいな水が必要です。これらの工場は、水不足のときには操業を停止しなければなりません。また、工場で使う大量の電気を、水力発電でまかなっている地域もあり、水不足は工場地帯全体に影響してしまいます。

　工場の生産により、その地域の経済が成り立っているので、その生産が止まることは、産業面・貿易面だけでなく、人々のくらし・教育・文化など、その国のさまざまな活動ができなくなり、大きな影響をあたえます。

パルプ工場

水の確保が、労働や教育に影響する

水くみ場の子どもたち

　水道などの施設が整っていない乾燥地帯の国では、川や井戸の水くみ場から、家まで歩いて水を運ぶことが、女性や子どもの仕事になっています。水不足になると、近くの井戸や川の水がかれ、遠くの水くみ場まで行かなくてはなりません。遠くの水くみ場まで、1～2時間かかることはめずらしいことではありません。水不足でこうした労働がふえ、子どもたちが学校に行く時間もうばってしまうのです。

撮影：毎日新聞社　長谷川豊

森林火災が起きやすくなる

森林火災

　降水量の減少は、気温の上昇ともあいまって、森林火災を起こしやすくします。2007年にアメリカ西部で多発した森林火災は、地球温暖化の影響を受けたものだと、カリフォルニア大学など、いくつかの研究チームが報告をまとめています。干ばつが続くオーストラリアや、気候が変わってきたロシアのツンドラ地帯でも、森林火災がふえています。

提供：アフロ

● コラム　**ゲリラ豪雨**

　台風は、かなり広い範囲に雨をふらせ、だんだん近づくにつれて、少しずつ強い雨になっていくので、雨がいつごろふるのかも、おおよそ想像がつきます。これとはちがって、せまい範囲に、急にたくさんの雨がふることがありますが、このことを「局所的集中豪雨」といいます。せまい範囲にしかふらなくても、小さな面積の川に集中してふると、この川の水量が一気にふえて、とても流れの速い濁流となって川を下ります。

　川は急にたくさんの水を流すことができず、水は川からあふれ、まわりの家々をおそい、大変な水害になることがあります。あまりにも急に川が増水するので、気象予報や警報、避難のよびかけなどが間に合わないことが多く、思ってもいないところに急に来ることから「ゲリラ豪雨」ともよばれています（→6,7ページ）。

▶雨量レーダーで見た2005年9月4日の集中豪雨

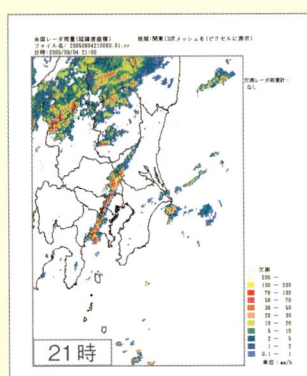

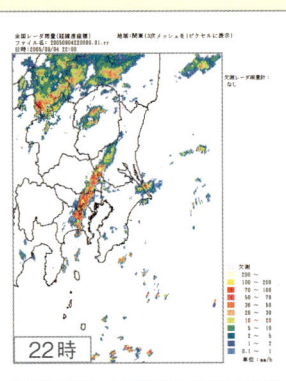

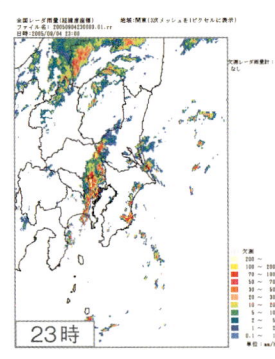

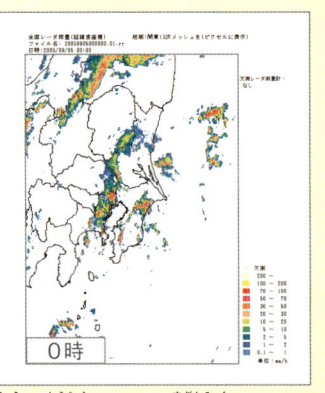

21時　　22時　　23時　　0時

2005年9月4日、集中豪雨がおそった後の妙正寺川

2005年9月、集中豪雨が東京をおそい、杉並区で1時間にふった雨量が112ミリメートルを観測しました。雨量レーダーで見ると、ごく限られた地域にもうれつな雨がふっているようすがよくわかります。
提供：河川情報センター

提供：東京都

▶1時間に100ミリ以上の雨がふった各年ごとの回数

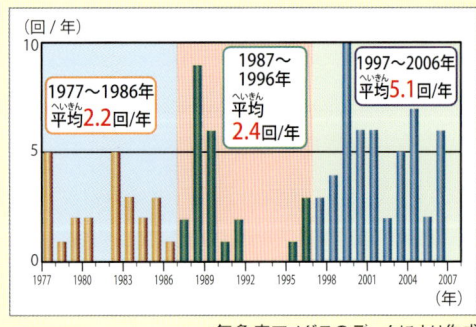

1977～1986年 平均2.2回/年
1987～1996年 平均2.4回/年
1997～2006年 平均5.1回/年

気象庁アメダスのデータにより作成

　ゲリラ豪雨などの集中豪雨がふる回数は、年々ふえてきています。これまではめったになかった1時間に100ミリメートル以上というとてつもない雨（→64ページ）が、かんたんにふるようになってきました。地球温暖化による気候変動の影響だという人も、そうでないという人もいます。しかし、ここ30年で、その回数は確実にふえてきています。

　みなさんの住んでいる場所や遊びに行っている場所に、大雨注意報や大雨警報などが出た場合には、絶対に川原で遊ばないようにしましょう。目の前の川に、たいして水が流れていなくても、雨がふり出せば、あっという間に水かさがふえて流れてくることがあります。自分たちのいるところに雨がふっていなくても、川の上流に雨がふれば、水がおしよせてきて危険です。また、強い雨で、がけや斜面がくずれることがあるので、そうしたところにも、近づかないようにすることが大切です（→51ページ）。

第3章
地球温暖化にそなえる

温暖化しないようにする、温暖化しても困らないようにする

地球温暖化の対策には、急激に温暖化しないようにする「緩和策」と、温暖化によって気候が変動しても困らないように、社会の方を合わせていく「適応策」の両方が必要です。

災害をふせぐための緩和策と適応策

　地球温暖化が進むと気候が変動し、地球上の多くの地域で、洪水や干ばつが起きやすくなると予測されています。たくさんのとうとい命がうばわれたり、多くの資産が失われたりもします。そのまま放っておいて、よいわけはありません。

　温暖化による災害をふせぐには、温暖化が進まないようにするか、もしも温暖化が進んでも被害が出ないようにするか、そうした両方の対策が必要です。

　温暖化が進まないようにするおもな対策には、二酸化炭素の削減などがあります。このような対策は、温暖化をおさえたり、そのスピードをゆっくりしたものにするということで「緩和策」とよばれています。

　一方、温暖化が進んでも困らないようにするおもな対策は、新しい気候にあった種類の農作物に変えたり、川を大きくして、大雨がふっても安全に流せるようにすることなどです。このような対策は、温暖化してしまっても被害が出ないように、社会の方を合わせていくというもので、「適応策」とよばれています。

緩和策と適応策は、車の両輪

　こうした2つの対策のうち、原因となるものをなくす緩和策を優先するべきです。しかし、すでに地球温暖化は確実に始まっています。氷山や氷河もとけ始め、温暖化が原因と思われるさまざまな気候変動により、これまでとはちがう豪雨災害なども起き始めています（→30,31ページ）。このため、しっかりとした適応策も進めていかなくてはなりません。緩和策と適応策は両方とも重要で、まさに車の両輪の関係にあります。

　急激な温暖化を進めない緩和策として最も大切なことは、二酸化炭素をはじめとする温室効果ガスをへらすことです。このための取り組みについては、4章を見てください。ここでは、温暖化で心配される災害に対するそなえとしての適応策について紹介します。

ハーヴェイ運河の防水壁工事

2005年8月にアメリカのニューオリンズをおそったハリケーン・カトリーナにより、ミシシッピ川の堤防や運河の防水壁がこわれました。その後、カトリーナクラスのハリケーンが来てもだいじょうぶなように、十分な高さをもったがんじょうな防水壁が建設されています。　提供：米国陸軍工兵隊

始まっている適応策の検討

世界中で、適応策の検討が始まっています。それにもとづいて、水害対策や干ばつ対策も、地球温暖化による気候変動も考えた内容に変わってきています。

具体的な施設の建設や、法律などの制度の整備も始まっています。欧州連合（EU）では、2007年に「洪水リスクの評価・管理に関する指令」という法律を発表しました。この中で、気候変動の影響もふくめた洪水の危険性を考え、これまで以上の大雨がふった場合の洪水ハザードマップ（浸水しそうな場所や災害時の避難経路や避難場所を書きこんだ地図）や、洪水リスクマップ（災害時の危険度を表した地図）をつくりました。

イギリスのテムズ川周辺の堤防は、以前は1000年に1回くらい発生するような、大規模な高潮にもだいじょうぶなようにきずかれていました。しかし、気候変動による海面上昇と宅地開発の影響により、将来は100年に1回くらい発生する、より小さな規模の高潮にしか、安全でなくなってしまうといわれています。そこで、安全性が低下しないような、新しい洪水管理計画が検討されています。

そのほかにも、ドイツ、フランスなどのヨーロッパ諸国や、アメリカ、オーストラリアなどでも適応策の検討が進められています。韓国では「国家水安全確保方策」や「水資源影響評価体系」として検討が進められています。

日本では、1980年代の初めごろから、これまでの経験や計画をこえる大きな洪水が発生しても、できるだけ被害が小さくなるようにするための検討が進められ、地球温暖化の適応策としても役立つものとなっています。また、大学などの研究者が集まった政府の委員会で、2007年には「水関連災害分野における地球温暖化に伴う気候変動への適応策のあり方について」がまとめられ、2008年には「気候変動への賢い適応」がまとめられました。これらにもとづいて、いろいろな適応策が始まっています。

イギリス・テムズ川の防潮水門
気候変動も考えた水門や堤防につくりなおしています。　提供：国土交通省

▶日本の地球温暖化による気候変動への対策

全体的な取り組み（世界全体で緩和策と適応策を進める）
- 気候変動枠組み条約・京都議定書など（→55ページ）
  - 各国でどれだけずつ二酸化炭素を出す量をへらすかを取り決める
  - クールアース50（目標：2050年までに世界全体の排出量を半分に）
  - 適応5か年作業計画の策定
  - 適応基金の設置

緩和策（地球温暖化しないようにする）
- 二酸化炭素をなるべく出さない社会にする
  - 輸送　　環境対応車、モーダルシフト（→57,59ページ）
  - 冷暖房　エアコンをなるべく使わない、断熱住宅（→51ページ）
  - 産業　　省エネ家電、低炭素型製品（→59ページ）
  - エネルギー　太陽光発電、風力発電（→57,58ページ）
- 二酸化炭素の吸収を進める
  - 緑化　　森林保全（→28ページ）

日本全体で確実にへらすために
- チャレンジ25
  - 一人ひとりの身近な削減のよびかけ
- 「見える化」の推進
  - 商品がつくられるのに、どれだけの温室効果ガスが出たかを見えるようにする
- カーボン・オフセット（→57ページ）

適応策（地球温暖化しても困らないようにする）
- 低平地、沿岸地帯の水害対策
  - 洪水を安全に流す（→46ページ）
  - 観測体制や防災情報共有体制の強化（→47,51ページ）
  - はんらんしても被害が小さい地域づくり（→47,50ページ）
- 農産物・食料
  - 品種改良、うえつけ収穫の時期を変える（→49ページ）
  - 土壌の栄養分や水分保持をよくする
- 水資源
  - 節水、水の再生利用（→49ページ）
  - 貯水池の建設や海水淡水化プラント（→49ページ）
  - 総合的な水管理運用（→49ページ）
- 人間の健康
  - 上下水道などの施設を改善（→25ページ）
  - 感染症早期予測、ワクチン開発（→25ページ）

日本でも、積極的に気候変動への対策を進めています。上の図は、日本における全体的な取り組み、緩和策、適応策の内容をまとめたものです。

ふえる集中豪雨にそなえる

降水量は、これまでよりふえ、また局所的に急激にふるようになります。川の水があふれないようにすることはもちろん、あふれても被害が少ないようにする対策が必要になります。

大量の雨がふっても、川の水が安全に流れるようにする

地球温暖化にともなう気候変動で、集中豪雨（→30,31,42ページ）がふえると予測されています。川に集まる水の量もふえるため、これまでの洪水対策のままでは、川に水を流せなくなるおそれがあります。このため、安全に水を流せるように、川を広げたり、堤防をかさ上げしたりする必要があります。また、川を広げることができない場合には、上流にダムや遊水池を建設して一時的に水をため、下流の市街地などで、川がはんらんしないようにしなければなりません。

新潟県を流れる五十嵐川では、2004年の集中豪雨で川がはんらんし、大きな被害が出ました。その後、安全に水が流れるように、川の右側にある300戸をこえる家（写真左）に移転してもらい、川幅を2倍に広げる工事が行われました（写真右）。　提供：国土交通省

高潮や津波の危険性がふえるのをふせぐ

地球温暖化により海面が上昇すると、海面が上がった分、陸地が下がることになります。そうするとその分、高潮や津波の被害にあいやすくなります。特に、海ぞいの低い土地で、深刻な影響が出ます。これを防ぐためには、陸地が下がった分だけ、海岸の堤防をかさ上げする必要があります。

また、海岸には、川にそって高潮や津波が流れこまないように、たくさんの水門があり、高潮や津波がおそってきたときに、いっせいにこれらの水門をしめて、水の浸入をふせぎます。しかし、たくさんの水門をしめるためには、時間がかかってしまい、市街地が浸水する被害も発生してしまいます。このため、スムーズにしめることができるように、水門のあけしめを自動化することなどが進められています。

高潮情報や緊急地震速報で自動的にあけしめする水門（和歌山県市田川水門）。
提供：国土交通省

最優先で人命だけは救えるように、情報体制を強化する

　地球温暖化による気候変動で、台風も凶暴になり、そのほかの豪雨も、以前より強いものになると予測されています（→30〜33ページ）。河川の整備などが間に合わない段階で、大きな洪水が発生した場合には、大きな被害が生じる可能性があります。そのような場合でも、せめて人命だけは助かるように、しっかりと観測を行い、早めの避難情報を、まちがいなく伝えるようにすることがとても重要です。

　台風をはじめ天候に関する情報は、気象庁が観測や予測を行っています。川の水位やはんらんの情報は、国土交通省や都道府県が観測や予測を行っています。こうした情報が、テレビ・ラジオ、インターネットなどを通じて、住民に伝えられます。避難勧告などの情報は、市町村から出され、防災無線や広報車で住民に伝えられるほか、テレビ・ラジオでも放送されます。

　そうしたなか、観測技術や予測技術は、大きな進歩をとげています。天気予報では、2010年から各市町村ごとに、予報や警報を出すことになりました。また、河川を管理している国土交通省や都道府県では、洪水やはんらんが、いつごろ、どこまで広がるかをコンピュータで予測し、

▶ ゲリラ豪雨をとらえる新型レーダー

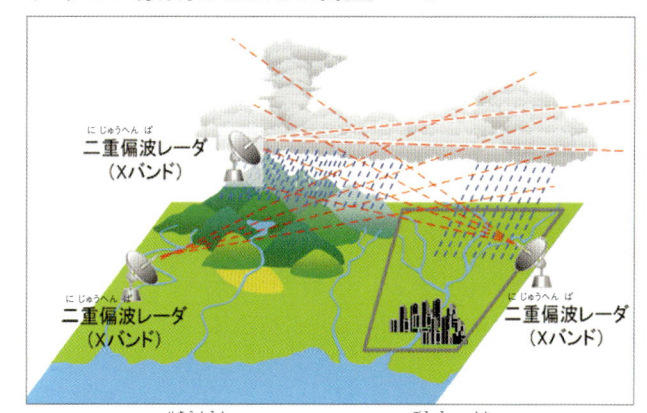

このレーダーは、積乱雲の上の方にあるゲリラ豪雨の種を見つけて、知らせてくれます。　　出典：国土交通省、防災科学技術研究所、中央大学

情報提供することを始めました。さらに、住民に携帯電話でいっせいに通報するしくみが活用され始めています。また、局所的な集中豪雨、いわゆるゲリラ豪雨の場合には、避難警報などが間に合わない場合がありますが、ゲリラ豪雨をふらせる積乱雲（入道雲）をキャッチできる、新しいタイプのレーダーも開発されています（上図）。

気候変動によるさまざまな変化にも強い地域づくりを進める

　地球温暖化による気候変動で、今まで以上に、大量の雨がふり、これまでの洪水対策では、十分に対応できない可能性もあります。また、洪水対策で予定している河川の改修や、ダム・遊水池の建設が、時間的に間に合わないこともあるかもしれません。そのため、豪雨がふって、川が水を流しきらずに、あふれてはんらんした場合でも、たとえ、農地は浸水しても、住宅地は浸水しないようにすることを考える必要があります。

1986年吉田川のはんらん　｜　二線堤がつくられた後のはんらんのようす

宮城県鹿島台町では、1986年に吉田川があふれて、市街地までの広い地域が浸水しました。その後、二線堤がつくられ、川がはんらんしても、市街地中心部までは浸水しないようになってきました。

提供：左（株）マップ・システム・カンパニー　右　国土交通省

ふえる干ばつにそなえる

利用できる水がへる地域が多くなるので、使う水をむだを少なく確保する対策や、なるべく水を使わなくてもよい社会にすること、急激な人口増加への対応など、総合的な取り組みが重要です。

なるべく水の消費量をおさえる―世界

今まで見てきたように、気候変動で、生活や農工業などに利用できる水は、世界のあちこちでへっていくと予測されています。その一方で、急激な人口の増加と、その人たちがくらしていくための農地開発などで、水の消費量はふえています。さらに、地域によっては、軍事的紛争も干ばつに大きな影響をあたえています。紛争によって、管理されない農地がふえ、あれ地となって砂漠化してしまうからです。砂漠化をふせぐために植えた樹木を、紛争難民の人たちが、まきにするために伐採してしまうという話まであります。

くわえて、発展途上国（開発途上国）の都市化、工業化などによっても、水の消費量は拡大します。そして、森林伐採が進行し、ますます干ばつを助長しています。しかし、地球温暖化防止のために、発展途上国も先進国もいっしょになって森林伐採などを規制しようとすると、「先進国がこれまでさんざん乱開発をして、その見返りに自国の経済を発展させてきたのに、今になって発展途上国にも規制をかけるというのは不公平だ」と発展途上国側から反発が出ています。経済発展の機会や可能性は、どの国も平等にあたえられるべきものだ、と主張しているのです（→62ページ）。

以上のように、干ばつ問題は、各国ががまんするところはがまんして、またゆずり合ったりもして、水の消費量をおさえるために、世界全体でうまく連携していかなければなりません。

▶世界の人口増加

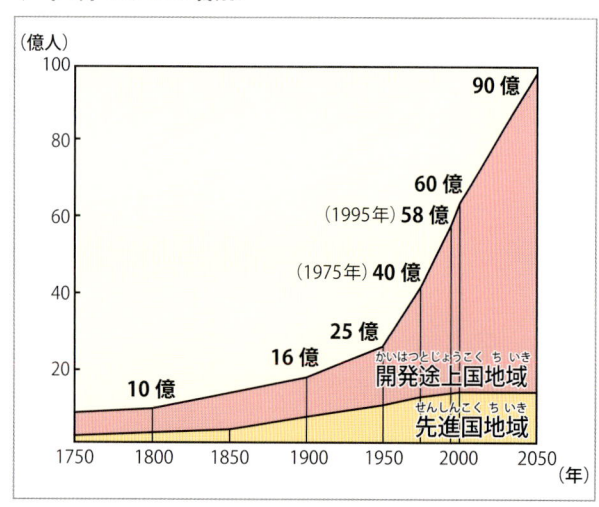

出典：世界資源研究所編『世界の資源と環境1994-95』中央法規出版

▶世界の水の消費量の変化

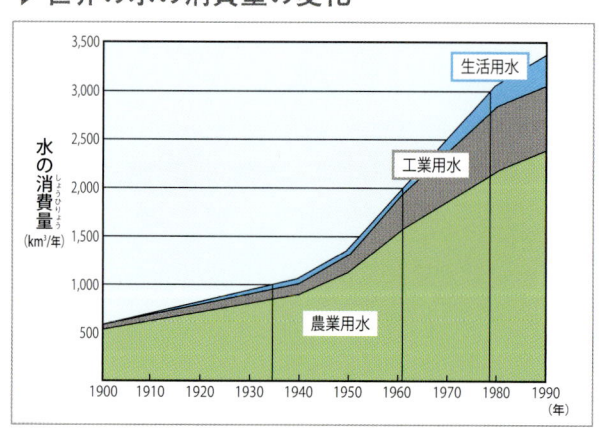

出典：世界気象機関（WMO）

なるべく水の消費量をおさえる―日本

日本の国土は、そのほとんどが急でけわしい地形なので、世界の川とくらべると、水が一気に流れてしまい、水利用がしにくい川がほとんどです。そのため、年間降水量が多いわりには、干ばつで、作物が実らなくなったり、都市機能がまひしたりしてきました。

このため、水の消費量をおさえるくふうも、世界に先がけて行われてきました。家庭での節水、工業用水のリサイクル利用などにより、近年の水の消費量は、安定した状況になっています。

しかし、地球温暖化で、日本での利用可能水量もへることが心配されており、さらに節水やリサイクル利用ができないかを検討しなければなりません。

水の消費量が少ない作物への転換

　農作物は、それぞれの地域の気候風土にあったものをつくるのが、生産効率の面でも、自然環境の面でもちょうどよいです。地球温暖化で気候が変われば、新たな気候に合った農産物にかえていくことは、長い歴史の中でもたびたび行われてきました。近年、深刻な干ばつが続いているオーストラリアでは、米や麦の収穫が大きな被害を受けています。米の生産は以前の2％にまで落ちこみ、回復の見こみも立たないため、農家は稲作をやめ、あまり水が必要でないブドウ栽培に切りかえ始めています。水の消費だけを考えれば問題ないようにも見えますが、オーストラリアでの米の生産がなくなると、世界で毎日4000万人分の食料が失われることにもなるのです。

▶オーストラリアの米とブドウの収穫量

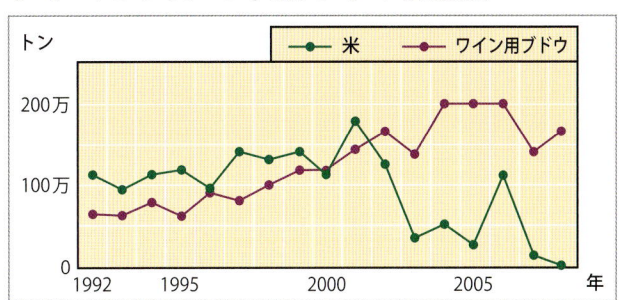

出典：ニューヨークタイムズ

利用できる水の供給量をふやす

　ふった雨が、すべて利用できているわけではありません。世界の各地域で状況はちがいますが、多すぎる雨は洪水被害をもたらし、ほとんど利用されることなく、海に流れていってしまうことが多いのです。こうした利用されないで流れていってしまう水を、できるだけ利用できる水にするために、利用されない水をため、利用するときに流すダムなどの貯水池が必要です。これまで自然のダムとしての役割をになってきた、氷河や積雪が小さくなっていく中（→8,9,22ページ）で、かわりに人工のダムが必要な地域も出てきています。ただし、ダムの建設は自然の改変をともなうので、そうした自然環境への配慮が不可欠です。

　利用できる水の量をふやすには、そのほかに、海水淡水化プラントがあります。山もない砂漠の海ぞいなどでは有効な手段ですが、このプラントを運転させるためには、相当なエネルギーを消費します。

矢木沢ダム 
提供：国土交通省

海水淡水化プラント
提供：沖縄県 

総合的な水資源管理

世界水フォーラム
提供：河川環境管理財団 

　飲み水や農業用水・工業用水などの利用調整と、ダムなどの貯水施設、導水路などの供給施設の調整など、水資源を有効に利用し、生態系や湿地の回復などもあわせて、流域全体で総合的な水管理運用をしていくことが重要です。そこで、世界の水問題を解決するために、3年に一度「世界水フォーラム」が開かれています。このフォーラムでは、こうした総合的な水資源管理の重要性や方策が話し合われており、日本も積極的に発言しています。国連機関であるユネスコや世界気象機関などでも、総合的な水資源管理の検討がなされ、発展途上国に資金を融資する世界銀行なども、この事業に融資するようになってきています。

予想される災害に対して わたしたちができること

地球温暖化にともなう気候変動により、災害がふえたりすることは、遠い将来や外国のことではなく、すでに日本でも同じようなことが起きています。

これまでの災害と、地球温暖化にともなう災害

　地球温暖化にともなう災害をへらすため、まず、わたしたちにもできることとして、温暖化の原因である二酸化炭素などをへらすようにすることがとても重要です（→60,61ページ）。

　温暖化により特に心配されている災害（人間社会に直接関わるもの）は、洪水・高潮災害、土砂災害、干ばつ（渇水）被害、農作物被害、人間の健康被害です。このうち農作物被害や人間の健康被害については、今すぐみなさんが何かをしないといけないということではありません。

　ここでは、水害や干ばつについて、わたしたちにできる、より身近なことをいっしょに考えてみましょう。温暖化しない場合でのこれら災害への対応と、基本的には変わりありません。ただ、災害の状態がきびしいものになりますので、これまで以上にしっかりと対応していくことが必要です。

日ごろから、身近なまちの状況を知っておく

　水害や土砂災害は、周辺の地形や川の状況などから、どのようなときに、どのような場所で、どのように起きるかが変わります。ある程度の大きさの川では、洪水で水があふれた場合に心配される浸水の深さや、避難する場合の避難場所をえがいた「洪水ハザードマップ」がつくられています。このようなハザードマップと、実際のまちの状況を見くらべて、避難しないといけなくなった場合の道順なども、確認しておくとよいでしょう。そうしたことを、地域ぐるみで行っているところもあります。

　土砂災害についても、危険か所がある地域には、土砂災害ハザードマップがつくられています。また、地震のときのまちの状況についても、調べておくとよいでしょう。

▶ 洪水ハザードマップ（東京都北区）

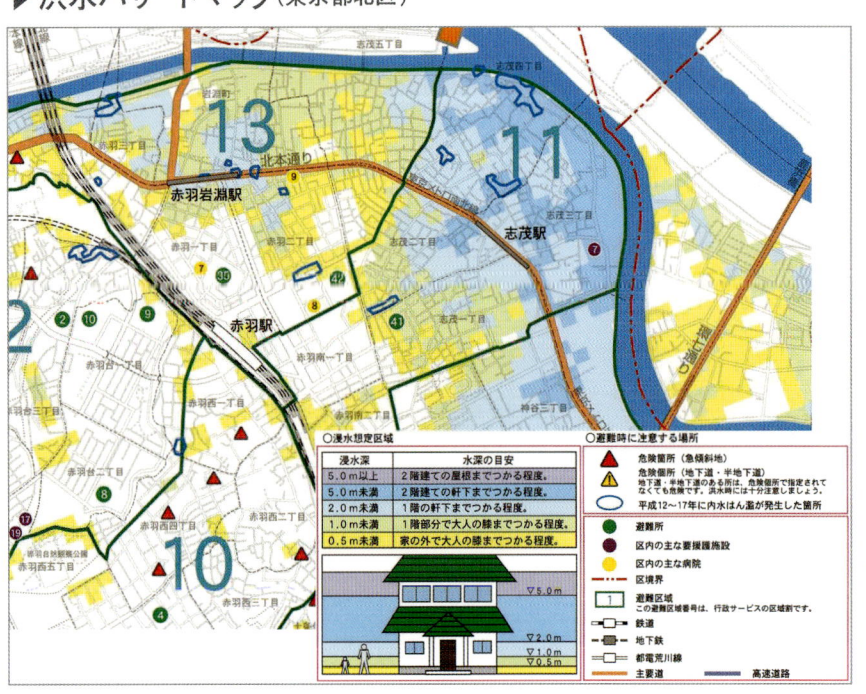

防災まちづくり活動。みんなでまちを歩いて、避難のしかたなどを確認しています。

もしも新河岸川がはんらんしたときに、それぞれの場所がどのくらいの深さで浸水する危険があるかを、青色や水色でしめしています。
出典：東京都北区

非常時に得られる情報やとるべき行動

　大雨や洪水の注意報・警報は、気象庁から出されます。川の水かさが高くなり、はんらんするおそれがある場合には、川のはんらん警報が、川を管理している国や都道府県から出されます。その情報の意味を知って、的確な行動をとらなければなりません。これを機会に、家族や友だちといっしょに、自分たちの行動を想像しながら話し合ってみてください。

　気候変動により、今までよりも大きな洪水となる可能性があります。以前に発生した浸水被害はここまででしかなかったと、かんたんに思いこまないで、市町村やテレビ・ラジオなどの情報にも十分注意して、もう少し大変な事態になることを想定して行動しましょう。また、突発的で局所的な集中豪雨がふる場合があります。特に小さな川では、あっという間に水かさがふえ、大変強い流れがおしよせてきます。大雨注意報や警報が出たときには、そのような川では決して遊んだりしないようにしましょう。

▶川の水位と洪水はんらん警報

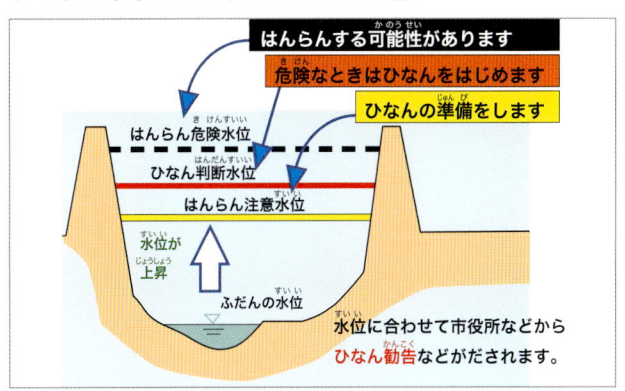

- はんらんする可能性があります → はんらん危険水位
- 危険なときはひなんをはじめます → ひなん判断水位
- ひなんの準備をします → はんらん注意水位

水位が上昇／ふだんの水位

水位に合わせて市役所などから**ひなん勧告**などがだされます。

日ごろからのそなえ

緊急持ち出し品

みなさんの家で点検してみてください。

　地震の場合も同じですが、緊急持ち出し品を日ごろから決めておいて、すぐに持ち出せるようにしておきましょう。洪水などの災害にあうのは、必ずしも自宅とはかぎらないので、自宅からの避難場所や避難路以外にも、緊急時の避難場所や連絡方法を家族で話し合って決めておくことも大切です。また、人間だけでなく、家財道具や電化製品、自動車なども浸水するおそれがあるので、その場合にどうするか、日ごろから考えておきましょう。

干ばつ（渇水）へのそなえ

　干ばつで水道が断水した場合のことも考えて、大きなポリタンクやバケツを用意しておきましょう。干ばつ被害に対して個人ができること、するべきことは少ないかもしれません。しかし、干ばつをできるだけ起こさないために、使う水をへらす努力は、わたしたちにも可能です。ふろやせんたく、かみの毛をあらうときなど、たくさんの水を使う場面で、節水を試みてみましょう。

暑さへのそなえ、病気へのそなえ

　都市部では、緑も少なく、エアコンから外に出る熱などにより、ヒートアイランド現象という異常な熱さになります。さらに、地球温暖化が加わります。家のまわりの緑をふやしたり、道路に水まきをするなど、蒸発するときにたくさんの熱をうばうことを利用した「打ち水」も有効です。

　病気へのそなえでは、日ごろの手あらいが大切です。また、病原体を運ぶ蚊への対策として、蚊帳を使うことも見直されてきています。

打ち水

提供：国土交通省

● コラム　**バーチャルウォーター**

　雨はたくさんふるが、ふった水をあまり利用できない日本（→49ページ）、雨そのものが少なく、利用できる水自体が少ない国など、それぞれの国で水利用についての自然的・社会的条件はちがいます。けれども、世界全体で見れば、地球温暖化による気候変動で、干ばつ被害が深刻になると予測されています。それぞれの条件がちがうので、日本人は日本のことだけを考えていればよいかというと、そうではありません。日本も世界の水利用に大きく関係しています。それはどういうことでしょうか？

　日本は、たくさんの農産物や工業製品を海外から輸入しています。農産物については、海外からの輸入が中心のものもあります。農産物を輸入するということは、その農産物を生産するために必要となる水を、間接的に輸入して消費したことになります。この水を「バーチャルウォーター（仮想水）」といいます。つまり、バーチャルウォーターとは、農産物を輸入している国が、もしその輸入農産物を、輸入しないで自分の国で生産するとしたら、どのくらいの水が必要かを計算したものです。

　生産国では、その農産物の栽培のために水を消費していますが、もし、日本国内で栽培しようとすれば、そのための水を日本で消費しなければなりません。東京大学の沖大幹教授によると、バーチャルウォーターの総輸入量は、年間約640億立方メートルで、これは日本全体で農作物を育てるために1年間に使用している水の量約570億立方メートルよりも多いということになります。

　このように、日本でのさまざまな消費は、世界の水資源や干ばつの問題に影響をあたえます。またその一方で、気候変動で起きる海外での干ばつの影響も日本が受けることになるのです。

▶日本のバーチャルウォーターの総輸入相当量（2000年）

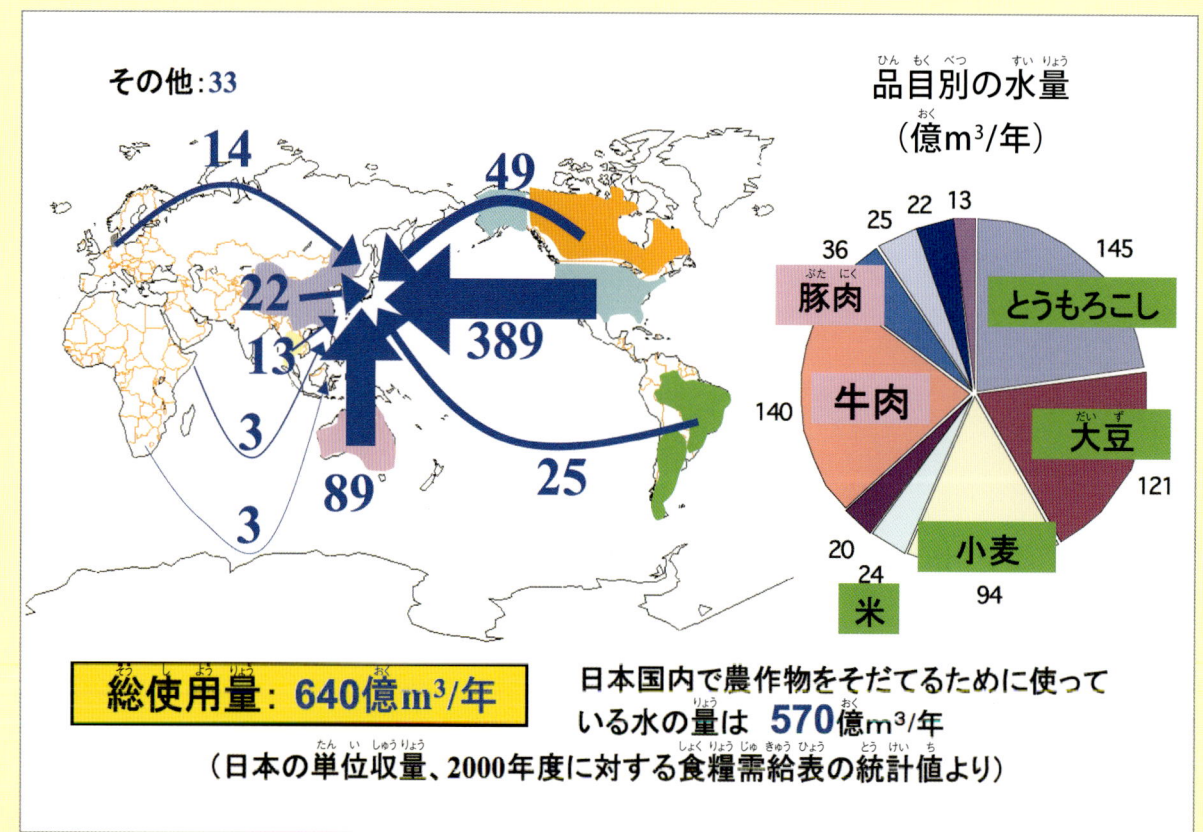

その他：33

品目別の水量（億m³/年）

- とうもろこし 145
- 大豆 121
- 小麦 94
- 米 24
- 牛肉 140
- 豚肉 36
- 20
- 25
- 22
- 13

地図上の数値：14、49、22、13、389、3、3、89、25

総使用量：640億m³/年

日本国内で農作物をそだてるために使っている水の量は 570億m³/年

（日本の単位収量、2000年度に対する食糧需給表の統計値より）

出典：T. Oki and S. Kanae, Virtual water trade and world water resources, Water Science & Technology, 49, No. 7, 203-209, 2004.

第4章
社会的な取り組み

世界的な動き、試み

世界中には、たくさんの国があります。それぞれの国には、ことなる歴史があり、文化があり、独自の法律があります。でも、地球はひとつしかありません。地球温暖化問題は世界みんなの問題であり、その解決のために、世界中でさまざまな取り組みがなされています。

世界の国々が協力しあってはじめて解決する地球温暖化問題

地球の大気はすべてつながっており、また急激な地球温暖化は地球のすべての地域の気候を変えます。そのため、温室効果ガスをへらす「緩和策」は、すべての国が努力しないと効果がありません。また温暖化は、自然生物にも人間社会にも深刻な影響をおよぼします。この影響をやわらげる「適応策」も、農作物・工業製品の輸出入、貧困や紛争などとも関係し、世界全体での協力が必要です。そのため、世界で共通の目標や協力のしくみが真剣に検討されています。

IPCCって、何？

いろいろな国をまとめている国際機関の中に、国際連合(以下「国連」とよびます)があります。国連の目的は、国際平和をたもちつづけることや、経済と社会に関する国際協力などです。国連の専門機関である国連環境計画(UNEP)と世界気象機関(WMO)が共同で設立したのが、IPCC(気候変動に関する政府間パネル)です。科学者や専門家、各国政府代表で構成されています。

IPCCは、世界の気候の変化や、地球温暖化に関する科学的な情報を発信しています。その中のひとつである、世界中の科学者が協力して書いている「評価報告書」には、温暖化問題解決に向けたさまざまな提案や、将来予測などが書かれています。長期間にわたる二酸化炭素削減などの緩和策はもちろん、水面上昇にそなえた堤防(→46ページ)や、家庭から出る排水の再利用など、適応策も提案されています。また、数年後から100年後の地球を、温暖化の度合いによりシミュレーションして、わたしたちの生活がどのように変わるかを予測しています。IPCCの「評価報告書」は、世界の温暖化の判断基準として、政治や社会に大きな影響をあたえています。

2007年、IPCCは、国際的な温暖化問題への貢献により、元アメリカ副大統領アル・ゴア氏とともに、ノーベル平和賞を受賞しました。

国連環境計画とIPCCは、世界各国が協力して、温暖化などの環境問題を理解し、解決策を考える機関なのです。

COPって、何？

1992年の地球サミット・国連環境開発会議(UNCED)では、世界の154か国が集まり「温室効果ガスの増加により、地球が温暖化してしまうことが世界規模の問題であり、対処が必要である」ということを確認しあいました。また、「地球温暖化は世界の問題なので、みんなで解決していこう」と意見が一致しました。

この合意以降、毎年COP(締約国会議)という国際会議が開かれ、世界中の人たちが、最新の情報や意見を交かんしています。

この15回目の会議が、2009年12月にデンマークの首都コペンハーゲンで開かれました(COP15)。各国政府の代表110人以上が集まり、温暖化防止のための話し合いが行われました。

COP14にて

2008年12月、ポーランドのポズナンで行われたCOP14にて、地球温暖化対策の必要性をうったえる子どもたち。

COP15にて

2009年12月、デンマークのコペンハーゲンで行われたCOP15の会議のようす。

COP15でのツバルのブース

COP15でのツバルのブース。ツバルは海抜が低いので、地球温暖化などの影響で、水没してしまうことが心配されています。

COP15での日本のブース

COP15での日本のブース。日本は、途上国への温暖化対策として、1兆円をこす資金の援助を表明しました。

提供：内田エミ

京都議定書って、何？

　京都議定書とは、1997年、第3回目のCOP（締約国会議）で話し合われた、世界中で二酸化炭素をへらしていく取り決めのことです。

　京都議定書では、2008〜2012年の5年間にわたり、1990年代に出していた二酸化炭素より、最低でも5%へらすことを目標にしました。この約束は、京都議定書に合意した先進国だけにしか削減義務がないため、新興国である中国は、参加していません。また、アメリカも、京都議定書に合意しませんでした。つまり、中国、アメリカの2国で、世界全体の二酸化炭素排出量の約40%を出しているにもかかわらず、両国は、この約束に加わらなかったのです。また、京都議定書の約束期間をすぎた2012年以降のことについても、各国で話し合いを続けています。

日本の政策

日本では、1990年に「地球温暖化防止行動計画」を発表、その後1997年の京都議定書（→55ページ）、2008年の洞爺湖サミット（先進国首脳会議）などで世界の中心的な役割をにない、それ以降もいろいろな取り組みを進めています。

地球温暖化対策に関する取り決め

日本は、1997年の温暖化防止京都会議（COP3）で、京都議定書が定めた二酸化炭素の排出量を、1990年より6％へらすことを国際社会に約束しました。そして1998年には、「地球温暖化対策推進大綱」を決定しています。「地球温暖化対策推進大綱」とは、2010年に向けて急いで進める必要がある地球温暖化対策のことです。その後、「地球温暖化対策推進法」「地球温暖化対策に関する基本方針」などがつくられ、日本国内の対策の基礎的なルールが決められました。

▶「地球温暖化対策推進法」の内容

国の役割	・温室効果ガスや気候の変化、生態などの観測を行うこと ・地球温暖化を防止する対策を考え、その対策を行うこと ・温室効果ガスを出さないような対策を進めること ・県や市町村、企業、国民が行う温室効果ガス対策の活動を助け、そのアドバイスを行うこと ・温室効果ガスを出さないための国際的な約束に参加すること ・地球温暖化にかかわる調査を行うこと ・世界の国と協力し、情報を提供すること
県や市町村の役割	・温室効果ガスを出さない対策を地域で進めること ・県や市町村の活動の中で、温室効果ガスを出さないようにすること ・地域の企業や住民が行う温室効果ガス対策の活動を助け、その対策に関する情報を提供すること
企業の役割	・企業の活動の中で、温室効果ガスを出さないようにすること ・国や県、市町村が進める対策に協力すること
わたしたちの役割	・日常の生活の中で、温室効果ガスをなるべく出さないようにすること ・国や県、市町村が進める対策に協力すること

日本の地球温暖化対策の中期目標

日本政府は2009年9月に、日本の二酸化炭素削減量の中期目標を「2020年までに25％削減する（1990年比）」と発表しました。1990年の二酸化炭素排出量が114,300万トン（二酸化炭素換算）なので、28,575万トンを削減しなくてはなりません。ひとり当たりに計算し直すと、約231万トンの削減になります。これは東京ドーム約6896ぱい分に当たります。

温室効果ガスをへらすための支援策

　温室効果ガスをへらすための対策として、太陽光などのクリーンエネルギー（→58ページ）を使った太陽光発電があります。2005年まで、日本は世界でも有数の太陽光発電大国でした。しかし、2005年に助成金制度が廃止され、設置費用が援助されなくなったので、日本の太陽光の世界シェアは低下してしまいました。

　現在、国や自治体は補助金制度の復活など、支援策を検討しています。たとえば、東京都では2009年度から1キロワット当たり10万円の補助金を出しています。さらに、国は2005年に廃止した補助金の復活や、太陽光で発電した電気を、化石燃料でつくられた電気より高く買い取る制度など、さまざまな試みを行っています。

　また、生活に欠かせなくなった自動車も、昔にくらべ、ずいぶん温室効果ガスの排出量がへりました（→59ページ）。国は、2009年4月から環境対応車（エコカー）にかかる税金を安くしました。電気自動車、ハイブリッド車（電気とガソリンの両方で走る、燃費がよく、温室効果ガスの排出量が少ない自動車）などは、税金が全額免除になります。このような制度のおかげで、2009年の新車販売台数は、環境対応車が上位をしめています。

電気自動車

100%電気で走る電気自動車。走行中の二酸化炭素排出量はゼロです。
提供：三菱自動車工業株式会社

カーボンオフセット

　カーボンオフセットとは、市民や企業が自らの行動で出してしまった温室効果ガスの量を、ほかの場所で行った植林によって吸収させた量や、クリーンエネルギーを使うことによってへらした量などと交かんするしくみのことです。

　その例として、「カーボンオフセットはがき」があります。このはがきの売り上げは、1枚あたり5円が寄付金として、国連がみとめた発展途上国に送られます。送られた寄付金は、発展途上国の温室効果ガス削減・吸収プロジェクトに使われます。

▶カーボンオフセットのしくみ

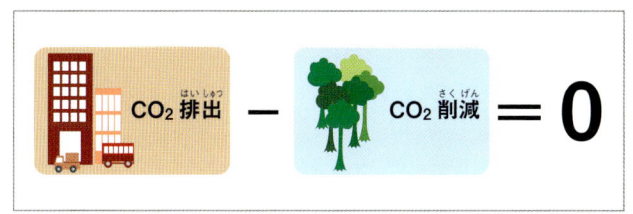

CO₂排出 − CO₂削減 ＝ 0

カーボンオフセットとは、二酸化炭素（CO₂）排出量と、削減量をさし引いてゼロにすることです。

▶カーボンオフセット認証ラベル

認証　CARBON OFFSET
認証　CARBON OFFSET

カーボンオフセット認証ラベルは、信頼性の高いカーボンオフセットを広めるために、環境省の基準にそった適切な取り組みに対して、気候変動対策認証センターが認証し発行しています。

▶カーボンオフセットはがき

提供：郵便事業株式会社

日本のエコ技術

これ以上の地球温暖化をくいとめるためには、二酸化炭素の排出量をへらすことが重要です。すぐれた技術を持つ日本の企業は、二酸化炭素をへらすための製品を、積極的につくっています。

クリーンでグリーンなエネルギー

世界で使われているエネルギーのうち、81％は化石燃料でつくられています。その他の19％のうち、13％は二酸化炭素がほとんど出ないクリーンエネルギーです。クリーンエネルギーとは、水力、地熱、太陽光、風力、バイオマス・バイオ燃料（植物などからエネルギーを取り出す方法）など、環境をよごさないエネルギーのことです。

日本では、特に電気製品の会社が中心になり、太陽光発電に力を入れています。大きな工業用などはもちろんですが、家庭用の小さいサイズや、ソーラーラジコンカーなどのおもちゃまで、いろいろなサイズや種類があります。また、家の屋根で、太陽光電池（ソーラーパネル）を使って自家発電をすると、自分たちの必要な電気がつくられるだけでなく、あまった電力を電力会社に売ることができます。また、太陽光発電以外にも、火山の多い日本では、地熱を使って電気エネルギーがつくられています。おもな地熱発電のしくみは、地熱で発生した蒸気でタービンを回して、電気エネルギーを取り出す方法です。うまくエネルギーとして活用できれば、日本の消費エネルギーの半分以上がまかなえるかもしれません。技術のさらなる進歩や、地熱利用が可能な土地の選択が期待されています。

▶ 世界の消費エネルギー

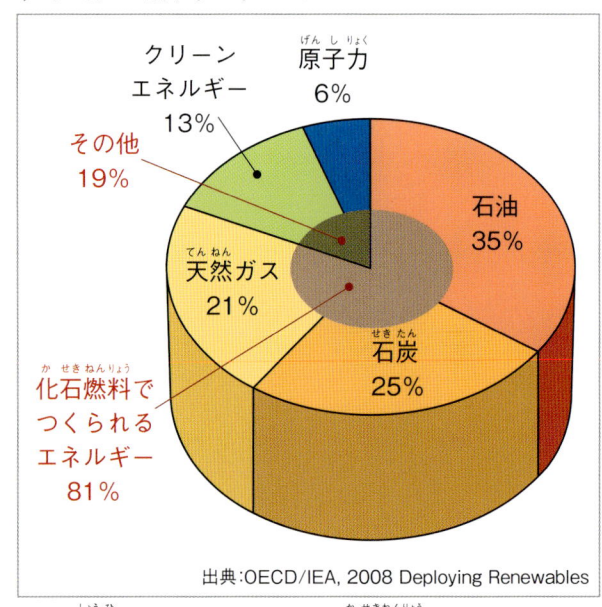

区分	割合
原子力	6%
クリーンエネルギー	13%
その他	19%
天然ガス	21%
石炭	25%
石油	35%
化石燃料でつくられるエネルギー	81%

出典：OECD/IEA, 2008 Deploying Renewables

世界の消費エネルギーのうち、81％が化石燃料でつくられています。

また、二酸化炭素を出さないエネルギーとして、ふたたび注目をあびているのが、原子力発電です。日本は、アメリカ、フランスにつぐ世界第3位の原子力発電が普及している国です。しかし、放射性廃棄物というとても毒性の高いゴミが出るので、安全にすてる方法が問題になっています。

風力発電

自然の風の力を利用する風力発電は、二酸化炭素を出さないクリーンエネルギーです。

ソーラーパネル

屋根などに設置されたソーラーパネルに、太陽光が当たると発電します。
提供：京セラ株式会社

モノをエコカーで運ぶ

　日本の二酸化炭素排出量の19％は、モノの輸送によって出るものです。その多くは、ガソリンなどの化石燃料（→20ページ）で動く自動車やトラックから出る二酸化炭素です。日本は世界でも、有名な自動車メーカーがそろっている国ですので、ハイブリッド車、電気自動車、水素カーなど、いろいろな環境対応車（エコカー）をつくっています。環境対応車の多くは、ガソリンなどの化石燃料の使用量を大はばにへらすことができます。

電気自動車の充電スタンドは、ガソリンスタンドに併設されるようになってきました。

新技術で省エネ

　わたしたちは、エネルギーをつくるために多くの化石燃料（→20ページ）を使っていますが、エネルギーの消費量自体をへらすと、使っている化石燃料もへり、排出される二酸化炭素量もへることになります。

　そこで日本では、エネルギー消費量が少ない家庭電気製品（省エネ家電）が開発され、広くゆきわたっています。テレビや冷蔵庫、夏には欠かせないエアコンなどいろいろな商品に、最新の省エネ技術が使われています。そして、これらの商品には「省エネラベル」がはられています。エアコン、冷蔵庫、テレビなどが表示対象です。省エネ製品は、地球にやさしいだけでなく、毎月の電気代も得になります。

▶省エネラベル

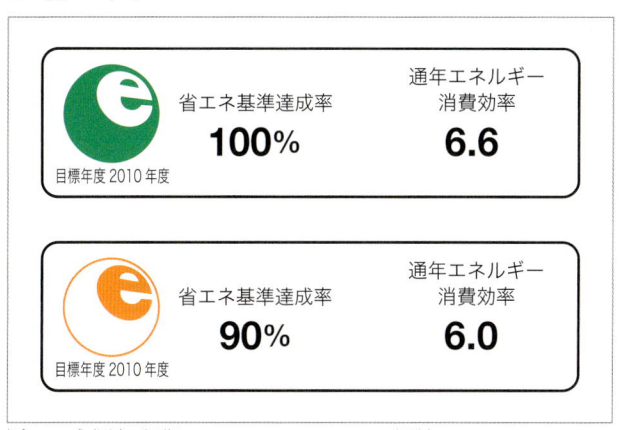

	省エネ基準達成率	通年エネルギー消費効率
目標年度 2010年度	100%	6.6
目標年度 2010年度	90%	6.0

省エネ基準達成率100％以上のすぐれた製品には緑色のマーク、100％未満の製品にはオレンジ色のマークで表示しています。

消費電力が少ないLED

　家のあかり、携帯電話の画面、信号など、わたしたちの生活には、あかりが欠かせませんが、これらもすべてエネルギーを消費して発光しています。消費電力が少なく、寿命が長く、さらに小型であるLED（発光ダイオード）は、最近もっとも注目されてるエコ製品のひとつです。

　LEDは、ふつうの白熱電球にくらべ効率的にエネルギーを使うので、エネルギー使用量は、白熱電球の約1/10、蛍光灯の約1/2といわれています。また、LEDの寿命は長く、平均3万5000〜6万時間以上といわれています。蛍光ランプの寿命が約6000〜1万時間、白熱電球が約1000〜2000時間なので、LEDがいかに長く使えるかがわかります。

環境への負担が少ないLEDは、クリスマスのまちをいろどるイルミネーションにも使われています。
提供：さっぽろホワイトイルミネーション実行委員会

わたしたちにできること

大きな地球の小さな住民である、わたしたち一人ひとりができることは、小さいかもしれません。しかし、問題をつくったのがわたしたち人間なら、解決できるのも、またわたしたち人間なのです。みんなで力を合わせれば、個人でできる小さなことで、地球を変えることができるかもしれません。

わたしたちにできる身近な解決策：4つのR

「4つのR」はREFUSE（リフューズ）、REDUCE（リデュース）、REUSE（リユーズ）、RECYCLE（リサイクル）の頭文字を取ったもので、ゴミをことわる、へらす、再利用する、そして、リサイクルする、という取り組みのことです。ゴミはもやしてうめ立てることが多い日本で、ゴミをへらすことは、二酸化炭素の排出量をへらすことになります。

1.REFUSE （リフューズ＝ことわる）	**ゴミになるものはことわりましょう** 買い物をしたときは、レジぶくろをもらわずに、マイバッグ（エコバッグ）を使いましょう。コンビニエンスストアのはしやスプーンなどももらわず、家のはしやスプーンを使いましょう
2.REDUCE （リデュース＝へらす）	**ゴミをへらしましょう** 必要なものだけを買いましょう。賞味期限以内に食べられる量で、包そうの少ないものを選びましょう
3.REUSE （リユース＝再利用する）	**あらって使えるものはゴミではありません。再利用しましょう** ガラスの入れ物はあらって花びんにしたり、ペン立てにするなど再利用しましょう。メーカーによっては、またビンに飲み物を入れかえて再利用するので、メーカーに返しましょう
4.RECYCLE （リサイクル）	**それでもゴミになる場合は、リサイクルしましょう** 古いものから新しいものをつくるのが、リサイクルです。たとえば、使い終わったペットボトルやいろいろなプラスチック製品から、新しいフリースやペンなどの製品がつくられます。また、古い新聞などから、新しい新聞や再生紙がつくられています

買い物でエコ推進！　コンスーマーズチョイス

最近ではお店に、エコ商品がたくさんならんでいます。昔とちがい、エコ商品の値段も安くなってきました。これは、エコ商品をほしいと思う人がふえてきて、企業などがそれにこたえるために、いろいろなエコ商品をつくってきたからです。つまり、わたしたち買い物をする消費者が、自ら商品を選ぶこと（これを「コンスーマーズチョイス（消費者の選択）」といいます）により、さらにエコ商品がつくられていくのです。

また、輸入品は遠く外国から運ばれてくるため、その輸送に国内品よりも多くの二酸化炭素が排出されてしまいます。なるべく、二酸化炭素の排出量が少ない、国産のものを買うようにしましょう。

自分の家の二酸化炭素の排出量を計算してみよう

家庭から出る二酸化炭素の排出量は、日本全体の約14％です（→21ページ）。家庭の二酸化炭素排出量の多くは、電気（32.2％）、自動車（28.7％）、冷暖房（14.8％）の3つです。しかし、各家庭によって二酸化炭素排出の原因はちがいます。たとえば、北海道など寒い地域では、暖房が使われることが多く、灯油の使用量が全国的にも多くなっています。また、都心では自動車よりも公共のバスや電車を使う家庭が多く、自動車から出る二酸化炭素は少なくなっています。まずは、自分の家の「環境家計簿」をつけてみて、実際どのくらいの二酸化炭素を出しているのかを調べてみましょう。

▶ 環境家計簿

下の表にある自分の家の使用量を調べて、それに二酸化炭素排出係数をかけましょう。
その答えが、二酸化炭素排出量になります。
（例：100キロワットの電力を使った場合：100×0.39＝39kg）

種類	使用量	二酸化炭素排出係数	二酸化炭素排出量（kg）
電力（キロワット）		0.39	
都市ガス（m³）		2.1	
灯油（リットル）		2.5	
軽油（リットル）		2.6	
ガソリン（リットル）		2.3	
水道（m³）		0.36	
牛乳パック（本）		0.16	
アルミ缶（本）		0.17	
ペットボトル（本）		0.07	
ゴミ（kg）		0.34	
合計			

＊容器は、リサイクルしなかったものだけを数えてください。

●コラム　ひとつだけの地球

　現在、世界中の国々は地球温暖化問題解決のために、さまざまな取り組みを行っています。その中のひとつが根本的な二酸化炭素の削減ですが、残念ながら、まだ国々の合意が得られていません。その大きな理由がお金（経済）と「共通だが差異ある責任」です。

　経済的にも豊かな先進国と、現在発展途上の国々（新興国や発展途上国）では、地球温暖化問題への関心や、対策に使えるお金の額が大きくちがいます。二酸化炭素をへらすための科学技術の研究や、温暖化する地球に適応するための設備には、たくさんのお金が必要です。しかし、新興国や発展途上国では、餓えや医療が行きわたらずに死んでしまう人が少なくない中、100年や50年先の温暖化より、明日や1年先の未来への投資が重要視されているのです。

　また、現在問題になっている温暖化の原因は、過去に先進国が出した温室効果ガスなのです。「共通だが差異ある責任」とは、責任はみなに共通してあるが、責任の度合いがちがう、という意味です。今まで発展のために、特に多く二酸化炭素を地中から地上に出し、温暖化を進めてしまったのはアメリカ、ヨーロッパ、日本などの先進国です。それに対し、現在、発展途中の中国やインドは、これから人々のくらしがゆたかになるのと同時に、多くの二酸化炭素を出すことが予想されますが、過去の排出量は少ないのです。このように、みんなが平等に出していない二酸化炭素を、みんなが平等にへらすことは、不公平だという意見もあって、二酸化炭素削減の取り組みに合意できていないのです。

　しかし、だからといって、経済発展のめざましい新興国（中国やインドなど）が、過去の先進国と同じように二酸化炭素を出してしまうと、地球温暖化はさらに進みます。そして、温暖化によって威力をます災害や病気などで、一番被害を受けやすく、適応策が少ないのも新興国や発展途上国なのです。

　国々で二酸化炭素の削減について意見が対立しているのは、排出削減は経済的打撃になる、という概念にとらわれているからです。わたしたちは、先進国、新興国、発展途上国、すべての国の経済発展をさまたげずに、地球温暖化問題の解決策を考えていかなければならないのです（→48ページ）。

▶ 1970～2005年までの先進国、新興国の二酸化炭素排出量

*このグラフは、化石燃料やコンクリートの製造などにより発生する各国の二酸化炭素（CO_2）を、炭素（C）に変かんし計算したものです。

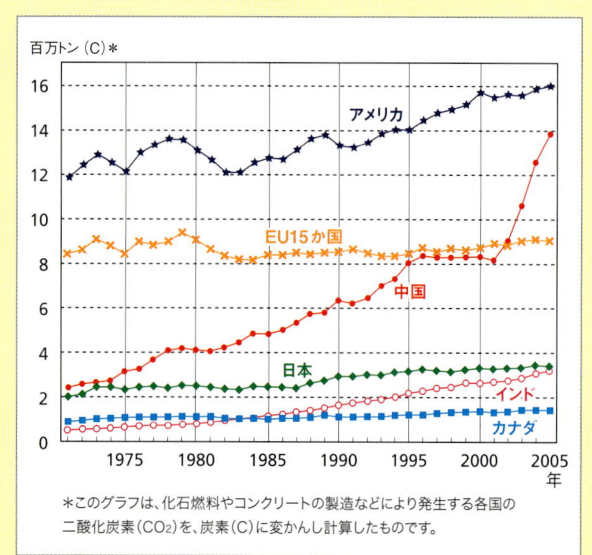

経済発展に必要なエネルギーで出される二酸化炭素ですが、過去に出した量が、先進国と中国やインドなどの新興国では大きくちがいます。
出典：EDMC／エネルギー経済統計要覧2006年版

▶ 主要国の二酸化炭素排出量の割合と、各国の1人当たりの排出量

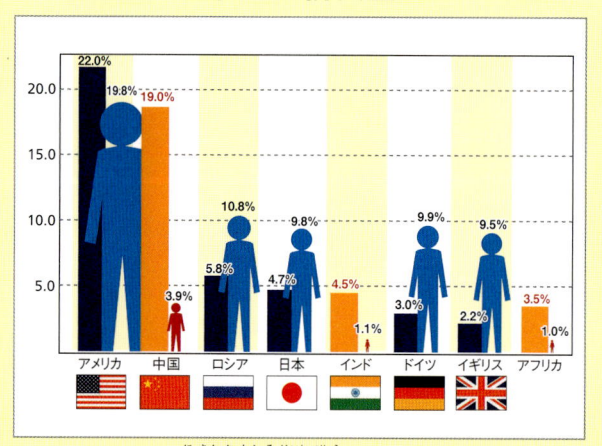

ぼうグラフは、世界の二酸化炭素排出量に対して、それぞれの国が、どれくらいの割合で、二酸化炭素を出したかを表したものです。人のグラフは、それぞれの国の人口に対して、二酸化炭素をどれくらい出したかを表しています。
出典：EDMC／エネルギー経済統計要覧2008年版

さくいん

あ行

IPCC（気候変動に関する政府間パネル）	54
赤潮	26
永久凍土	23
エコカー（環境対応車）	57, 59
LED（発光ダイオード）	59
温室効果ガス	5, 17, 18, 20, 57, 62
温暖化防止京都会議（COP3）	56

か行

カーボンオフセット	57
カーボンシンク	28
海水淡水化プラント	49
海面上昇	19, 34, 35
化石燃料	20, 58
仮想水（バーチャルウォーター）	52
渇水	38, 51
カトリーナ	10, 11, 32, 44
環境家計簿	61
環境対応車（エコカー）	57, 59
乾燥化	13
干ばつ	13, 25, 36, 37, 40, 48, 49, 51
間氷期	18
緩和策	44, 54
キーリング・カーブ	21
気温上昇	19, 22, 34
気候移民	13
気候変動に関する政府間パネル（IPCC）	54
気象庁	47, 51
共通だが差異ある責任	62
京都議定書	55, 56
クリーンエネルギー	58
警報	42, 47, 51
ゲリラ豪雨	7, 42, 47
原子力発電	58
光合成	14, 21, 27, 28
洪水	30, 31, 45, 46, 51
洪水ハザードマップ	45, 50
洪水リスクマップ	45
降水量	30, 31, 37, 38, 39
国際連合（国連）	54
国土交通省	47
国連環境開発会議（UNCED）	54
国連環境計画（UNEP）	54
COP（締約国会議）	54, 55
コンシューマーズチョイス	60

さ行

サイクロン	32
サンゴ礁	14, 27
集中豪雨	7, 31, 42, 46
省エネラベル	59
食料不足	25, 40
新興国	55, 62
人口増加	37, 40
森林火災	26, 41
水害	25, 31, 42, 45
水門	45, 46
水力	58
生態系	26
世界気象機関（WMO）	54
世界水フォーラム	49
積乱雲	32, 47
ゼロメートル地帯	34, 35
先進国	48, 55, 62

た行

大気	16
台風	32, 33, 35
太平洋高気圧	33
太陽光発電	57, 58
高潮	34, 35, 45, 46
炭素	20, 28
地球温暖化対策推進大綱	56
地球温暖化対策推進法	56
地球温暖化防止行動計画	56
地球温暖化問題	18, 20, 54, 62
地熱	58
津波	46
締約国会議（COP）	54, 55
適応策	44, 45, 54

63

電気自動車	57	ヒートアイランド現象	51
デング熱	25	避難場所	50, 51
洞爺湖サミット	56	氷河	8, 19, 23, 36
都市化	37, 48	氷期	18
土砂災害	33, 50	氷床	8
		風力	58
		紛争難民	48
		北上化	26

な行

二酸化炭素	5, 17, 20, 21, 28, 55, 56, 61, 62
二重偏波レーダー	47
二線堤	47
熱帯低気圧	32
熱中症	25

ま行

マラリア	25
水資源管理	49
水ストレス	37
水の消費量	37, 48
水の利用可能量	37
水不足	36, 37, 38, 40, 41

は行

バーチャルウォーター(仮想水)	52
バイオ燃料(バイオマス・バイオ燃料)	40, 58
ハイブリッド車	57
白化現象	14, 27
発光ダイオード(LED)	59
発展途上国	48, 57, 62
ハマダラカ	25
ハリケーン	10, 32, 44
はんらん	7, 31, 46, 47, 51

や行

4つのR	60
予報	47
4大元素	20

● **雨の強さ**　雨の強さは、1時間にふる雨の量で表します(下図)。1時間当たりの雨の量は、天気予報などで「今日の降水量は、20ミリメートル」などという話に出てきます。

1時間の雨量 (mm)	気象予報用語	雨のふり方 (人の受けるイメージ)	雨やまわりのようす	自動車に乗っているときのようす
10mm以上 20mm未満	やや強い雨	ザーザーとふる	地面からのはね返りで足元がぬれる	
20mm以上 30mm未満	強い雨	どしゃぶり	かさをさしていてもぬれる	ワイパーをはやくしても見づらい
30mm以上 50mm未満	激しい雨	バケツをひっくり返したようにふる		道路表面の水でブレーキがきかなくなる
50mm以上 80mm未満	非常に激しい雨	滝のようにふる	かさはまったく役に立たなくなる	自動車の運転は大変危険
80mm以上	猛烈な雨	息苦しくなるような圧迫感がある		

また、インターネットや携帯電話のウエブサイトでは、現在、どのあたりに、どのくらいの強さの雨がふっているか、雨量レーダー(→42ページ)の画面で見ることができます。

パソコンの場合　川の防災情報　http://www.river.go.jp/
携帯電話の場合　川の防災情報　http://k.bousai.frics.jp/

■ **布村明彦**（ぬのむら あきひこ）

1977年、京都大学大学院工学研究科修了。建設省に入り、国土庁防災局震災対策課長、内閣府参事官（地震・火山対策担当）、国土交通省で河川局河川計画課長、近畿地方整備局長、国土技術政策総合研究所長、気候変動適応研究本部長などを経て、現在は、関西大学社会安全学部客員教授および河川情報センター研究顧問。これまで、地域安全学会と地震工学会の理事、国際洪水ネットワーク副議長を務め、現在は日本災害情報学会理事。仕事のかたわら、20数年前から市民団体などと、自然豊かな川づくりや水辺を活かしたまちづくり、安全・安心なまちづくりを進めてきた。著書に「火山に強くなる本」（山と渓谷社・共著）、「水と人とのかかわり」（NIRA叢書・共著）、「世界の災害の今を知るシリーズ・洪水」「同シリーズ・干ばつ」（文溪堂・監訳）など。

■ **松尾一郎**（まつお いちろう）

1978年、総合コンサルタントに入り、防災部門長を経て、現在は、特定非営利活動法人環境防災総合政策研究機構理事・事務局長。これまで、洞爺湖周辺エコミュージアム推進協議会幹事、国土交通省社会資本整備審議会専門委員などを務め、現在は、日本災害情報学会事務局次長および東京大学大学院情報学環客員研究員、ならびに洞爺湖有珠山ジオパーク推進協議会アドバイザー等。自然災害や環境保全等に関わる減災社会づくりに邁進する。著書に「災害危機管理論入門 3」（弘文堂・共著）、「津波から人びとを救った稲むらの火」（文溪堂・共著）、「風水害情報ガイドブック」（環境防災総合政策研究機構・共著）、「火山に強くなる本」（山と渓谷社・共著）など。

■ **垣内ユカ里**（かいとう ゆかり）

Sarah Lawrence College（New York, USA）Environmental Science Concentration（B.A.）卒業。学生時代、Marine Biological Laboratory（Woods Hole, MA, USA）にて勉強し、New York Botanical Garden（NY, USA）にてインターンを経て、ニューヨークにある社会的責任投資（SRI）にてリサーチアソーシェットとして勤務。現在は9年間のアメリカ生活を活かしながら、特定非営利活動法人環境防災総合政策研究機構にて勤務。

■ 掲載図の出典等についての補足

● p21「過去1万年の大気中の二酸化炭素の変化」 ［原題等］Atmospheric concentrations of carbon dioxide, methane and nitrous oxide over the last 10,000 years (large panels) and since 1750 (inset panels). Measurements are shown from ice cores (symbols with different colours for different studies) and atmospheric samples (red lines). The corresponding radiative forcings are shown on the right hand axes of the large panels. ［出典］IPCC, 2007: Climate Change 2007: The Physical Science Basis. Contribution of Working Group I to the Fourth Assessment Report of the Intergovernmental Panel on Climate Change, Cambridge Univ. Press, 996.p3.

● p22「これからの地球の気温の予想」 ［原題等］Solid lines are multi-model global averages of surface warming (relative to 1980-1999) for the scenarios A2, A1B and B1, shown as continuations of the 20th century simulations. Shading denotes the ±1 standard deviation range of individual model annual averages. The orange line is for the experiment where concentrations were held constant at year 2000 values. The grey bars at right indicate the best estimate (solid line within each bar) and the likely range assessed for the six SRES marker scenarios. The assessment of the best estimate and likely ranges in the grey bars includes the AOGCMs in the left part of the fi gure, as well as results from a hierarchy of independent models and observational constraints. ［出典］IPCC, 2007: Climate Change 2007: The Physical Science Basis. Contribution of Working Group I to the Fourth Assessment Report of the Intergovernmental Panel on Climate Change, Cambridge Univ. Press, 996.p14.

● p23「北極海の氷の変化」 Fowler, C., W. J. Emery, and J. Maslanik. 2004. Satellite-derived evolution of Arctic sea ice age: October 1978 to March 2003. IEEE Geosci. Remote Sensing Letters, 1(2), 71-74, doi:10.1109/LGRS.2004.824741

● p30「2050年ごろまでの年間河川流量の平均変化率」 ［原題等］Change in annual runoff by 2041-60 relative to 1900-70, in percent, under the SRES A1B emissions scenario and based on an ensemble of 12 climate models. Reprinted by permission from Macmillan Publishers Ltd.［Nature］(Milly et al., 2005), copyright 2005 ［出典］IPCC,2007: Climate Change 2007:Impacts, Adaptation and Vulnerability. Contribution of Working Group II to the Fourth Assessment Report of the Intergovernmental Panel on Climate Change, Cambridge Univ. Press, 976. p184

● p30「降水の強度の変化」 Gerald A. Meehl, Julie M. Arblaster, and Claudia Tebaldi: Understanding future patterns of increased precipitation intensity in climate model simulations. GEOPHYSICAL RESEARCH LETTERS, VOL. 32, L18719, doi:10.1029/2005GL023680, 2005

● p34「これまでの気温と海面水位のうつり変わり」 ［原題等］Observed changes in (a) global average surface temperature and (b) global average sea level from tide gauge (blue) and satellite (red) data. All changes are relative to corresponding averages for the period 1961-1990. Smoothed curves represent decadal average values while circles show yearly values. The shaded areas are the uncertainty intervals estimated from a comprehensive analysis of known uncertainties (a and b). ［出典］IPCC, 2007: Climate Change 2007: The Physical Science Basis. Contribution of Working Group I to the Fourth Assessment Report of the Intergovernmental Panel on Climate Change, Cambridge Univ. Press, 996.p6.

● p36「干ばつが発生する頻度の変化」 ［原題等］Change in the recurrence of 100-year droughts, based on comparisons between climate and water use in 1961 to 1990 and simulations for the 2020s and 2070s (based on the HadCM3 GCMs, the IS92a emissions scenario and a business-as-usual water-use scenario).Values calculated with the model Water GAP 2.1 (Lehner et al., 2005b). ［出典］IPCC, 2007: Climate Change 2007: Impacts, Adaptation and Vulnerability. Contribution of Working Group II to the Fourth Assessment Report of the Intergovernmental Panel on Climate Change, Cambridge Univ. Press, 976.p188.

＊上記7点の説明文は、本著者グループが原文を翻訳し、内容を変えない範囲で子ども向けのものにしている

■ この本の作成に当たりご協力いただいた方（人名は50音順）

内田エミ（特定非営利活動法人環境防災総合政策研究機構上席研究員）、沖大幹（東京大学生産技術研究所教授）、近藤洋輝（独立行政法人海洋研究開発機構特任上席研究員）、坂田俊文（東海大学教授、特定非営利活動法人環境防災総合政策研究機構顧問）、長谷川豊（毎日新聞社社会部記者）、藤田光一（国土交通省国土技術政策総合研究所流域管理研究官、東京大学教授）国土交通省河川局、国土交通省近畿地方整備局（河川部、六甲砂防事務所、九頭竜川ダム統合管理事務所）、気象庁、環境省地球環境局

- 装丁 ─── DOM DOM
- 本文デザイン・DTP ─ 杉沢直美
- 図版 ─── 杉沢直美／酒井圭子
- 編集協力 ─── OCHI NAOMI OFFICE

ISBN978-4-89423-658-5　NDC519　64p　300×213mm

地球温暖化図鑑

2010年5月 初版第1刷発行
2011年8月　　第2刷発行

著　者	●	布村明彦／松尾一郎／垣内ユカ里
発行者	●	水谷邦照
発行所	●	株式会社 文溪堂　〒112-8635 東京都文京区大塚3-16-12

TEL 営業（03）5976-1515
　　編集（03）5976-1511
ホームページ http://www.bunkei.co.jp

印刷・製本　●　図書印刷株式会社

Ⓒ Akihiko NUNOMURA, Ichiro MATSUO, Yukari KAITO and BUNKEIDO CO., Ltd. 2010 Printed in JAPAN
落丁本・乱丁本はおとりかえいたします。定価はカバーに表示してあります。